告诉你
可怕的自然灾害

王子安◎主编

汕头大学出版社

图书在版编目（ＣＩＰ）数据

告诉你可怕的自然灾害 / 王子安主编. -- 汕头 ：
汕头大学出版社，2012.5（2024.1重印）
ISBN 978-7-5658-0807-4

Ⅰ．①告… Ⅱ．①王… Ⅲ．①自然灾害－普及读物
Ⅳ．①X43-49

中国版本图书馆CIP数据核字(2012)第096858号

告诉你可怕的自然灾害

主　　编：王子安
责任编辑：胡开祥
责任技编：黄东生
封面设计：君阅天下
出版发行：汕头大学出版社
　　　　　广东省汕头市汕头大学内　邮编：515063
电　　话：0754-82904613
印　　刷：三河市嵩川印刷有限公司
开　　本：710 mm×1000 mm　1/16
印　　张：16
字　　数：90千字
版　　次：2012年5月第1版
印　　次：2024年1月第2次印刷
定　　价：69.00元
ISBN 978-7-5658-0807-4

前　言

　　浩瀚的宇宙,神秘的地球,以及那些目前为止人类尚不足以弄明白的事物总是像磁铁般地吸引着有着强烈好奇心的人们。无论是年少的还是年长的,人们总是去不断的学习,为的是能更好地了解我们周围的各种事物。身为二十一世纪新一代的青年,我们有责任也更有义务去学习、了解、研究我们所处的环境,这对青少年读者的学习和生活都有着很大的益处。这不仅可以丰富青少年读者的知识结构,而且还可以拓宽青少年读者的眼界。

　　对于生命来说,灾害就是死亡之神。许许多多的生命,会在灾害的一瞬间消失不见。无论是天灾,还是人祸,绝对多数的灾害均是杀人于无形、杀人于莫测的。因此,对于各种不知何时会发生的天灾人祸,生命除了保持一种坚强之外,许多时候显得虚弱而无力。所以,为了尊重生命,我们急需了解"可怕的自然灾害"从何而来,将向哪去的规律。本书即是讲述了可怕的灾害,共分为六章。第一章介绍了地质灾害;第二章介绍了气象灾害;第三章介绍了环境灾害;第四章介绍了海洋灾害;第五章介绍了瘟疫与传染病,第六章介绍了一些其他灾害。内容涵盖丰富,文字通俗易懂,具有很强的可读性。

　　综上所述,《告诉你可怕的自然灾害》一书记载了自然灾害中最精彩的部分，从实际出发，根据读者的阅读要求与阅读口味，为读者呈现最有可读性兼趣味性的内容，让读者更加方便地了解历史万物，从而扩大青少年读者的知识容量，提高青少年的知识层面，丰富读者的知识结构，引发读者对万物产生新思想、新概念，从而对世界万物有更加深入的认识。

此外，本书为了迎合广大青少年读者的阅读兴趣，还配有相应的图文解说与介绍，再加上简约、独具一格的版式设计，以及多元素色彩的内容编排，使本书的内容更加生动化、更有吸引力，使本来生趣盎然的知识内容变得更加新鲜亮丽，从而提高了读者在阅读时的感官效果，使读者零距离感受世界万物的深奥。在阅读本书的同时，青少年读者还可以轻松享受书中内容带来的愉悦，提升读者对万物的审美感，使读者更加热爱自然万物。

尽管本书在制作过程中力求精益求精，但是由于编者水平与时间的有限、仓促，使得本书难免会存在一些不足之处，敬请广大青少年读者予以见谅，并给予批评。希望本书能够成为广大青少年读者成长的良师益友，并使青少年读者的思想得到一定程度上的升华。

2012年7月

目　录
contents

第四章　瘟疫与传染病

第五章　海洋灾害

第六章　自然灾害的影响及其防治

第一章

地质灾害

告诉你可怕的 **自然灾害**

　　在自然或者人为因素的作用下形成的，对人类生命财产、环境造成破坏和损失的地质作用一般称为地质灾害。如崩塌、滑坡、泥石流、地裂缝、地面沉降、地面塌陷、岩爆、坑道突水、突泥、突瓦斯、煤层自燃、黄土湿陷、岩土膨胀、砂土液化，土地冻融、水土流失、土地沙漠化及沼泽化、土壤盐碱化，以及地震、火山、地热害等都属于地质灾害的范畴。

　　根据不同的角度与标准来给地质灾害来分类，其类别也十分复杂。就其成因而论，主要由自然变异导致的地质灾害称自然地质灾害；主要由人为作用诱发的地质灾害则称人为地质灾害。就地质环境或地质体变化的速度而言，可分突发性地质灾害与缓变性地质灾害两大类。

　　按危害程度和规模大小，地质灾害险情可分为特大型、大型、中型、小型四种：受灾害威胁，需搬迁转移人数在1000人以上或潜在可能造成的经济损失1亿元以上的地质灾害险情称为特大型地质灾害险情；受灾害威胁，需搬迁转移人数在500人以上、1000人以下，或潜在经济损失5000万元以上、1亿元以下的地质灾害险情称为大型地质灾害险情；受灾害威胁，需搬迁转移人数在100人以上、500人以下，或潜在经济损失500万元以上、5000万元以下的地质灾害险情称为中型地质灾害险情；受灾害威胁，需搬迁转移人数在100以下，或潜在经济损失500万元以下的地质灾害险情称为小型地质灾害险情。

　　本章将为读者介绍种种地质灾害及其特征，希望能给读者以帮助。

地　震

地震是地球内部介质局部发生急剧的破裂，产生的震波，从而在一定范围内引起地面振动的现象。地震就是地球表层的快速振动，在古代又称为地动。它就象刮风、下雨、闪电一样，是地球上经常发生的一种自然现象。大地振动是地震最直观、最普遍的表现。在海底或滨海地区发生的强烈地震，能引起巨大的波浪，称为海啸。地震是极其频繁的，全球每年发生地震约500万次。

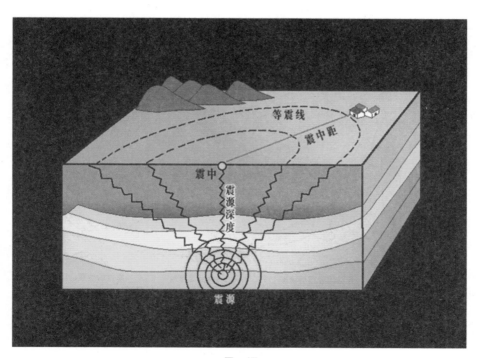

震　源

地震波发源的地方，叫作震源。震源在地面上的垂直投影，地面上离震源最近的一点称为震中。它是接受振动最早的部位。震中到震源的深度叫作震源深度。通常将震源深度小于70千米的叫浅源地震，深度在70～300千米的叫中源地震，深度大于300千米的叫深源地震。对于同样大小的地震，由于震源深度不一样，对地面造成的破坏程度也不一样。震源越浅，破坏越大，但波及范围也越小，反之亦然。

地震具有一定的时空分布规律。从时间上看，地震有活跃期和平静期交替出现的周期性现象。从空间上看，地震的分布呈一定的带状，称地震带，主要集中在环太平洋和地中海—喜马拉雅两大地震带。太平洋地震带几乎集中了全世

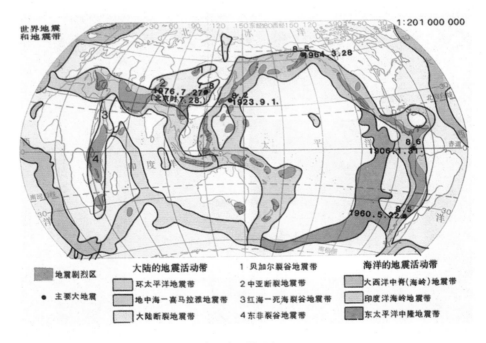

世界地震带分布图

地　震

界80%以上的浅源地震，全部的中源和深源地震，所释放的地震能量约占全部能量的80%。

破坏性地震的地面振动最烈处称为极震区，极震区往往也就是震中所在的地区。某地与震中的距离叫震中距。震中距小于100千米的地震称为地方震，在100～1000千米之间的地震称为近震，大于1000千米的地震称为远震，其中，震中距越远的地方受到的影响和破坏越小。

地震所引起的地面振动是一种复杂的运动，它是由纵波和横波共同作用的结果。在震中区，纵波使地面上下颠动。横波使地面水平晃动。由于纵波传播速度较快，衰减也较快，横波传播速度较慢，衰减

也较慢，因此离震中较远的地方，往往感觉不到上下跳动，但能感到水平晃动。当某地发生一个较大的地震时，在一段时间内，往往会发生一系列的地震，其中最大的一个地震叫做主震，主震之前发生的地震叫前震，主震之后发生的地震叫余震。

震级是表征地震强弱的量度，是指地震的大小，是以地震仪测定的每次地震活动释放的能量多少来确定的。震级通常用字母M表示。震级作为一个观测项目，是美国地震学家C.F.里克特于1935年首先提出的。最初的原始震级标度只适用于近震和地方震。1945年，B.谷登堡把震级的应用推广到远震和深源地震，利用宽频带地震仪记录远震传来的面波，根据面波的振幅和周期来计算震级，奠定了震级体系的基础。

目前国际上使用的地震震级——里克特级数，是由美国地震学家里克特所制定，它的范围在 1～10 级之间。它直接同震源中心释放的能量（热能和动能）大小有关，震源放出的能量越大，震级就越大。里克特级数每增加一级，即表示所释放的热能量大了约32倍。假定第1级地震所释放的能量为1，第2级应为31.62，第3级应为1000，依此类推，第7级为10亿，第8级为316.2亿，第9级则为10000亿。通常把小于2.5级的地震叫小地震；2.5～4.7级地震叫有感地震；大于4.7级地震称为破坏性地震；大于等于8级的又称为巨大地震。

引起地球表层振动的原因很多，根据地震的成因，可以把地震分为以下几种：

构造地震：由于地下深处岩石破裂、错动把长期积累起来的能量急剧释放出来，以地震波的形式向四面八方传播出去，到地面引起的房摇地动称为构造地震。这类地震

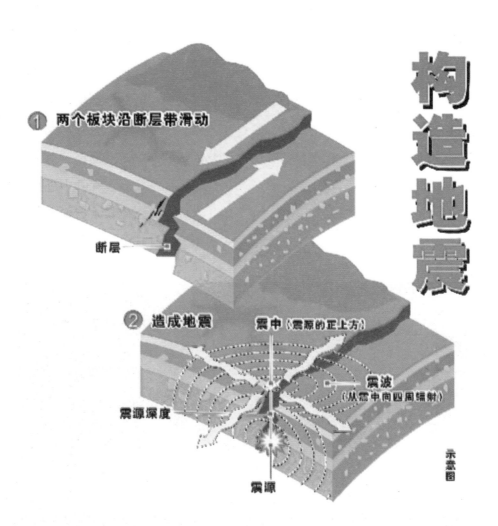

① 两个板块沿断层带滑动

断层

② 造成地震

震中（震源的正上方）

震波
（从震中向四周辐射）

震源深度

震源

示意图

构造地震

构造地震

发生的次数最多，破坏力也最大，约占全世界地震的90%以上。

塌陷地震：由于地下岩洞或矿井顶部塌陷而引起的地震称为塌陷地震。这类地震的规模比较小，次数也很少，即使有，也往往发生在溶洞密布的石灰岩地区或大规模开采地下的矿区。

火山地震：由于火山作用，如岩浆活动、气体爆炸等引起的地震称为火山地震。只有在火山活动区才可能发生火山地震，这类地震只占全世界地震的7%左右。

人工地震：地下核爆炸、炸药爆破等人为引起的地面振动称为人工地震。人工地震是由人为活动引起的地震。如工业爆破、地下核爆炸造成的振动；在深井中进行高压注水以及大水库蓄水后增加了地壳的压力，有时也会诱发地震。

核爆炸

诱发地震：由于水库蓄水、油田注水等活动而引发的地震称为诱发地震。这类地震仅仅在某些特定的水库库区或油田地区发生。

 地质灾害小知识

史上特大地震

智利地震：1960年5月21日15时11分，世界震级最高纪录的智利8.9级大地震发生了，这次地震所释放的能量相当于10万多颗美国1945年8月投掷到日本广岛的那种原子弹的能量，此次地震引起了20世纪最大的一次海啸。这次地震产生的海啸以每小时800千米的速度在海上推进，数小时后就横扫了位于太平洋中部景色秀丽、风光迷人的夏威夷群岛，摧毁了美国在该岛的重要战略要塞——珍珠港，20小时后又袭击了日本濒临太平洋的沿海地带，造成数万人的伤亡，15万人无家可归。几天之后，地震的能量又穿过太平洋，在太平洋西岸掀起了海啸，给日本和菲律宾的东部沿海地区造成了严重的损害。

华县地震：1556年1月23日夜，中国陕西省南部秦岭以北的渭河流域发生的一次巨大地震。这次地震是中国人口稠密地区影响广泛和损失惨重的着名历史地震之一，估计震级为8级。这次地震之后又引起了饥荒和瘟疫，造成大量人员遇难，光报上名字的就有约83万人。震时正值隆冬，灾民冻死、饿死和次年的瘟疫大流行及震后其他次生灾害造成的死者无数可计。这次地震是世界上死亡人员最多的一次大地震。

里斯本地震：1755年11月1日发生在距离葡萄牙里斯本城几十千米的大西洋海底，是迄今为止欧洲最大的地震。里斯本城破坏极其严重，死亡人数约7万人。这次地震引起海啸近30米高，袭击了里斯本海岸，并使英国、北非和荷兰的海岸都遭受损害。甚至在中美洲也观测到相当大的波浪。此震发生后过了214年，即在1969年2月28日，在这个海域西边又发生8级大地震。18世纪前因欧洲神学界势力较大，不许人们研究地震。直到里斯本地震后，欧洲的地震研究才从宗教的束缚中解放出来。

关东地震：1923年9月1日发生，震中在日本东京附近60～80千米的相模湾，震级为8.2级，震源深度较浅。首都东京和全国最大的港口横滨差不多完全被破坏，灾情严重，所以引起了日本的重视。这次地震激励着日本地震学界积极开展地震预测和抗震研究。这次地震的次生灾害（如火灾）也特别严重，加重了人员的伤亡。共有10余万人在这次地震中丧生，其中有许多人虽逃到广场，仍被四面大火包围而毙命。

汶川地震：2008年5月12日14时28分04.0秒发生，是中华人民共和国自建国以来影响最大的一次地震，震级是自2001年昆仑山大地震（8.1级）后的第二大地震，直接严重受灾地区达10万平方千米，中国除黑龙江、吉林、新疆外均有不同程度的震感。其中以陕甘川三省震情最为严重。汶川大地震是浅源地震，震源深度为10～20千米，因此破坏性巨大。

火　山

火山形成于地壳下，在地壳之下100～150千米处，有一个"液态区"，区内存在着高温、高压下含气体挥发分的熔融状硅酸盐物质，即岩浆。它一旦从地壳薄弱的地段冲出地表，就形成了火山。

火山出现的历史很悠久。有些火山在人类有史以前就喷发过，但

火　山

现在已不再活动，这样的火山称之为"死火山"；不过也有的"死火山"随着地壳的变动会突然喷发，人们称之为"休眠火山"；人类有史以来，时有喷发的火山，称为"活火山"。

在地球上已知的"死火山"约有2000座；已发现的"活火山"共有523座，其中陆地上有455座，海底火山有68座。火山在地球上分布是不均匀的，它们都出现在地壳中的断裂带。就世界范围

世界最高的死火山——阿空加瓜山

而言，火山主要集中在环太平洋一带和印度尼西亚向北经缅甸、喜马拉雅山脉、中亚、西亚到地中海一带，现今地球上的活火山99%都分布在这两个带上。

火山活动能喷出多种物质，在喷出的固体物质中，一般有被爆破碎了的岩块、碎屑和火山灰等；在喷出的液体物质中，一般有熔岩流、水、各种水溶液以及水、碎屑物和火山灰混合的泥流等；在喷出的气体物质中，一般有水蒸汽和碳、氢、氮、氟、硫等的氧化物。除此之外，在火山活动中，还常喷射出可见或不可见的光、电、磁、声和放射性物质等，这些物质有时能致人于死地，或使电、仪表等失灵，使飞机、轮船等失事。

火山喷发是岩浆等喷出物在短时间内从火山口向地表的释放。由

夏威夷那罗亚火山的熔岩流

于岩浆中含大量挥发分，加之上覆岩层的围压，使这些挥发分溶解在岩浆中无法溢出，当岩浆上升靠近地表时，压力减小，挥发分急剧被释放出来，于是形成火山喷发。火山喷发是一种奇特的地质现象，是地壳运动的一种表现形式，也是地球内部热能在地表的一种最强烈的显示。

地下岩浆沿着地壳上巨大裂缝溢出地表，称为裂隙式喷发。这类喷发没有强烈的爆炸现象，喷出物多为基性熔浆，冷凝后往往形成覆盖面积广的熔岩台地。地下岩浆通过管状火山通道喷出地表，称为中心式喷发。这是现代火山活动的主要形式，又可细分为宁静式、爆烈式和中间式三种类型。

火山爆发时喷出的大量火山灰和火山气体，对气候造成极大的影响。因为在这种情况下，昏暗的白昼和狂风暴雨，甚至泥浆雨都会困

火山喷发

扰当地居民长达数月之久。火山灰和火山气体被喷到高空中去，它们就会随风散布到很远的地方。这些火山物质会遮住阳光，导致气温下降。此外，它们还会滤掉某些波长的光线，使得太阳和月亮看起来就像蒙上一层光晕，或是泛着奇异的色彩，尤其在日出和日落时能形成奇特的自然景观。

火山爆发喷出的大量火山灰和暴雨结合形成泥石流能冲毁道路、桥梁，淹没附近的乡村和城市，使得无数人无家可归。泥土、岩石碎屑形成的泥浆可象洪水一般淹没了整座城市。火山爆发对自然景观的影响十分深远。土地是世界最宝贵的资源，因为它能孕育出各种植物来供养万物。如果火山爆发能给农田盖上不到20厘米厚的火山灰，对农民来说可真是喜从天降，因为这些火山灰富含养分能使土地更肥沃。

 地质灾害小常识

著名火山

日本富士山：位于日本梨县东南部与静冈县交界处，海拔3776米，是日本第一高峰。山峰高耸入云，山巅白雪皑皑。

斯德朗博利火山：位于意大利西西里风神岛，经常喷发，每小时准时喷发2～3次，已经持续了2000多年，从古代起就被称为"地中海的灯塔"。

圣海伦斯火山：位于美国的华盛顿州，在1980年喷发之前，山顶布

满积雪，被称为"美国的富士山"。

雷尼尔山：美国最高的火山，常年被冰雪覆盖，是美国著名的旅游胜地。位于华盛顿州。

马荣火山：位于菲律宾首都马尼拉东东南约300千米处，是菲律宾最高的活火山。

埃特纳火山：位于意大利的西西里岛，是一座著名的活火山，有记录一共爆发200多次。

科多帕西火山：厄瓜多尔境内，海拔5897米，是世界上最高的活火山。

比亚利卡火山：位于智利普孔小镇的比亚利卡湖畔，银装素裹，风景秀美。

桑托林火山：位于希腊爱琴海的桑托林岛上。20世纪中期有过3次小规模的喷发。大约在公元前1645年有过一次猛烈的喷发。

滑　坡

滑坡俗称"走山""垮山""地滑""土溜"等，是指斜坡上的土体或者岩体，受河流冲刷、地下水活动、地震及人工切坡等因素影响，在重力作用下，沿着一定的软弱面或者软弱带，整体地或者分散地顺坡向下滑动的自然现象。滑坡的机制是某一滑移面上剪应力超过了该面的抗剪强度所致。

产生滑坡的基本条件是斜坡

滑　坡

体前有滑动空间，两侧有切割面。例如中国西南地区，特别是西南丘陵山区，最基本的地形地貌特征就是山体众多，山势陡峻，沟谷河流遍布于山体之中，与之相互切割，因而形成众多的具有足够滑动空间的斜坡体和切割面。广泛存在滑坡发生的基本条件，滑坡灾害相当频繁。

降雨对滑坡的影响很大。主要表现在：雨水的大量下渗，导致斜坡上的土石层饱和，甚至在斜坡下部的隔水层上击水，从而增加了滑体的重量，降低土石层的抗剪强度，导致滑坡产生。不少滑坡具有"大雨大滑、小雨小滑、无雨不滑"的特点。地震对滑坡的影响也很大。究其原因，首先是地震的强

烈作用使斜坡土石的内部结构发生破坏和变化，原有的结构面张裂、松弛，加上地下水也有较大变化，特别是地下水位的突然升高或降低对斜坡稳定是很不利的。另外，一次强烈地震的发生往往伴随着许多余震，在地震力的反复振动冲击下，斜坡土石体就更容易发生变形，最后就会发展成滑坡。

滑坡的防治要贯彻"及早发现，预防为主；查明情况，综合治理；力求根治，不留后患"的原则。结合边坡失稳的因素和滑坡形成的内外部条件，治理滑坡可以从消除和减轻地表水和地下水的危害，改善边坡岩土体的力学强度这两个大的方面着手。

地震滑坡

崩 塌

崩塌是从较陡斜坡上的岩、土体在重力作用下突然脱离山体崩落、滚动、堆积在坡脚（或沟谷）的地质现象，又称崩落、垮塌或塌方。形成崩塌的内在条件有岩土类型、地质构造和地形地貌，这三个条件又通称为地质条件，它是形成崩塌的基本条件。诱发崩塌的外界因素很多，主要有地震、融雪、降雨、不合理的人类活动等。我国防治崩塌的工程措施主要有遮挡、拦截、支挡、护墙、护坡、镶补沟缝等。

重庆武隆发生山体崩塌

岩崩发生的时间大致规律为：（1）降雨过程之中或稍微滞后。这里说的降雨过程主要指特大暴雨、大暴雨、较长时间的连续降雨。这是出现崩塌最多的时间。（2）强烈地震过程之中。主要指的震级在6级以上的强震过程中，震中区（山区）通常有崩塌出现。（3）开挖坡脚过程之中或滞后一段时间。因工程（或建筑场）施工开挖坡脚，破坏了上部岩（土）体的稳定性，常发生崩塌。崩塌的时间有的就在施工中，这以小型崩塌居多。较多的崩塌发生在施工之后一段时间里。（4）水库蓄水初期及河流洪峰期。水库蓄水初期或库水位的第一个高峰期，库岸岩、土体首次浸没（软化），上部岩土体容易失稳，尤以在退水后产生崩塌的机率最大。（5）强烈的机械震动及大爆破之后。

泥石流

泥石流是山区沟谷中，由暴雨、冰雪融水等水源激发的，含有大量的泥砂、石块的特殊洪流。其特征是往往突然暴发，浑浊的流体沿着陡峻的山沟前推后拥，奔腾咆哮而下，地面为之震动、山谷犹如雷鸣。在很短时间内将大量泥砂、石块冲出沟外，在宽阔的堆积区横冲直撞、漫流堆积，常常给人类生命财产造成重大危害。

泥石流按其物质成分可分为三类：由大量粘性土和粒径不等的砂粒、石块组成的叫泥石流；以粘性土为主，含少量砂粒、石块、粘度

泥石流

大、呈稠泥状的叫泥流；由水和大小不等的砂粒、石块组成的称之水石流。泥石流按其物质状态可分为二类：一是粘性泥石流，含大量粘性土的泥石流或泥流。其特征是：粘性大，固体物质占40％～60％，最高达80％。其中的水不是搬运介质，而是组成物质，稠度大，石块呈悬浮状态，暴发突然，持续时间亦短，破坏力大。二是稀性泥石流，以水为主要成分，粘性土含量少，固体物质占10％～40％，有很大分散性。水为搬运介质，石块以滚动或跃移方式前进，具有强烈的下切作用。其堆积物在堆积区呈扇状散流，停积后似"石海"。

泥石流的形成必须同时具备以下三个条件：陡峻的便于集水、集物的地形、地貌；有丰富的松散物质；短时间内有大量的水

泥石流

源。我国泥石流的分布，明显受地形、地质和降水条件的控制。特别是在地形条件上表现得更为明显。其特点如下：

（1）泥石流在我国集中分布在两个带上。一是青藏高原与次一级的高原与盆地之间的接触带；另一个是上述的高原、盆地与东部的低山丘陵或平原的过渡带。

（2）在上述两个带中，泥石流又集中分布在一些大断裂、深大断裂发育的河流沟谷两侧。这是我国泥石流的密度最大、活动最频繁、危害最严重的地带。

（3）泥石流的分布还与大气降水、水雪融化的显著特征密切相关。即高频率的泥石流，主要分布在气候干湿季较明显、较暖湿、局部暴雨强大、水雪融化快的地区。如云南、四川、甘肃、西藏等。低频率的稀性泥石流主要分布在东北和南方地区。

泥　岩

（4）在各大型构造带中，具有高频率的泥石流，又往往集中在板岩、片岩、片麻岩、混合花岗岩、千枚岩等变质岩系及泥岩、页岩、泥灰岩、煤系等软弱岩系和第四系堆积物分布区。

地裂缝和地面沉降

地裂缝是地表岩、土体在自然或人为因素作用下，产生开裂，并在地面形成一定长度和宽度的裂缝的一种地质现象，当这种现象发生

在有人类活动的地区时，便可成为一种地质灾害。

地裂缝的形成原因复杂多样。地壳活动、水的作用和部分人类活动是导致地面开裂的主要原因。按地裂缝的成因，常将其分为：地震裂缝、基底断裂活动裂缝、隐伏裂隙开启裂缝、松散土体潜蚀裂缝、黄土湿陷裂缝、胀缩裂缝、地面沉陷裂缝和滑坡裂缝。此外，通常还按形成地裂缝的动力原因，即地壳内动力和外动力，将地裂缝分为构造地裂缝、非构造地裂缝和混合成因地裂缝三大类。

地面沉降是在人类工程经济活动影响下，由于地下松散地层固结压缩，导致地壳表面标高降低的一种局部的下降运动（或工程地质现象），又称为地面下沉或地陷。地面沉降在经济发达地

地裂缝

区可能导致严重的财产和基础下部建筑的损失。最具有代表性的地面沉降是由人为造成的，由于人为抽取地下水而导致含水层系统受压缩而产生地面沉降。针对这种情况必须采取措施减少地下水的使用量，增加地面水补给。

因此，随时正确监测地面和地下水位沉降，并提供标准的数据对于预测和预报地面沉降工作至关重要。

我国出现的地面沉降的城市较多。按发生地面沉降的地质环境可分为三种模式：①现代冲积平原模

长江三角洲

式。②三角洲平原模式，尤其是在现代冲积三角洲平原地区，如长江三角洲就属于这种类型。③断陷盆地模式，它又可分为近海式和内陆式两类。近海式指滨海平原，如宁波；而内陆式则为湖冲积平原，如西安市、大同市的地面沉降可作为代表。

土地冻融

土地冻融是指土层由于温度降到零度以下和升至零度以上而产生冻结和融化的一种物理地质作用和现象。冻融灾害在我国北方冬季气温低于零度的各省区均有发生。但以青藏高原、天山、阿尔泰山、祁

青藏公路

连山等高海拔地区和东北北部高纬度地区最为严重。如东北北部冻土区有10%的路段存在冻融病害，个别线路病害路段达60%～70%。青藏公路严重的冻融灾害给安全运输、道路养护、施工造成了极大的困难。

通常，由土地冻融产生的主要灾害作用和现象有：①冻胀和融沉：土层冻结产生体积膨胀，融化使土层变软产生沉陷，甚至土石翻浆，从而形成冻胀和融沉作用。这是季节性冻土地区中最主要的灾害作用。它常造成建筑物基础破坏，房屋开裂，地面下沉；道路路基变形，威胁行车安全，影响交通运输等。如大兴安岭铁路牙林线上，冬春季路基冻胀最大高度可达35厘米，夏季沉陷方量达几万方之多。②冻融滑、塌和冻融泥流：冻融使土体的平衡状态发生改变。当这种作用发生在斜坡地区时，便可产生

大兴安岭晨雾

滑坡、崩塌；而在土层融化成为液态时，则形成泥流。冻融滑、塌和冻融泥流在西南、西北高海拔地区极为常见，给工程建设造成了很大危害，甚至造成了人身伤亡。③冻融塌陷：土层的强烈冻融，使地表下沉，从而引起塌陷。这种作用也常见于广大的季节性冻土地区，并造成了大量的路基破坏、工程建筑物毁损等恶性事件。

可见，土地冻融的危害性是不容忽视的。尤其是在我国的高纬度、高海拔地区已经成为一种灾害，应当尽快采取适当的措施加以防御和整治。

第二章

气象灾害

告诉你可怕的 自然灾害

　　大气对人类的生命财产和国民经济建设及国防建设等造成的直接或间接的损害，被称为气象灾害。它是自然灾害中的原生灾害之一。气象灾害，一般包括天气、气候灾害和气象次生、衍生灾害。天气、气候灾害，是指因台风（热带风暴、强热带风暴）、暴雨（雪）、雷暴、冰雹、大风、沙尘、大（浓）雾、高温、低温、连阴雨、冻雨、霜冻、结（积）冰、寒潮、干旱、干热风、热浪、洪涝、积涝等因素直接造成的灾害；气象次生、衍生灾害，是指因气象因素引起的山体滑坡、泥石流、风暴潮、森林火灾、酸雨、空气污染等灾害。

　　气象灾害主要有种类多、范围广、频率高、持续时间长、群发性突出，连锁反应显著等特点。气象灾害主要有暴雨洪涝、干旱、热带气旋、霜冻低温等冷冻害、风雹、连阴雨和浓雾及沙尘暴等其他灾害共7大类20余种，如果细分可达数十种甚至上百种。我国从1950—1988年的38年内每年都出现旱、涝和台风等多种灾害，平均每年出现旱灾7.5次，涝灾5.8次，登陆我国的热带气旋6.9个。并且同一种灾害常常连季、连年出现。例如，1951—1980年华北地区出现春夏连旱或伏秋连旱的年份有14年。某些灾害往往在同一时段内发生在许多地区如雷雨、冰雹、大风、龙卷风等强对流性天气在每年35月常有群发现象。1972年4月15日至22日，从辽宁到广东共有16个省、自治区的350多县、市先后出现冰雹，部分地区出现10级以上大风以及龙卷风等灾害天气。并且天气气候条件往往能形成或引发、加重洪水、泥石流和植物病虫害等自然灾害，产生连锁反应。联合国公布的1947—1980年全球因自然灾害造成人员死亡达121.3万人，其中61％是由气象灾害造成的。

　　本章将为读者介绍气象灾害及其特点，以飨读者。

洪 水

洪灾是指一个流域内因集中大暴雨或长时间降雨，汇入河道的径流量超过其泄洪能力而漫溢两岸或造成堤坝决口导致泛滥的灾害。洪水一词，在中国出自先秦《尚书·尧典》。该书记载了4000多年前黄河的洪水。据中国历史洪水调查资料，公元前206—公元1949年间，有1092年有较大水灾的记录。在西亚的底格里斯—幼发拉底河以及非洲的尼罗河关于洪水的记载，则可追溯到公元前40世纪。

嘉陵江洪水

告诉你可怕的自然灾害

洪水是一个十分复杂的灾害系统，因为它的诱发因素极为广泛，水系泛滥、风暴、地震、火山爆发、海啸等都可以引发洪水，甚至人为的也可以造成洪水泛滥。在各种自然灾难中，洪水造成死亡的人口占全部因自然灾难死亡人口的75％，经济损失占到40％。更加严重的是，洪水总是在人口稠密、农业垦殖度高、江河湖泊集中、降雨充沛的地方发生，如北半球暖温带、亚热带。中国、孟加拉国是世界上水灾最频繁、肆虐的地方，美国、日本、印度和欧洲也较严重。

我国是世界上洪水最多的国家。20世纪死亡人数超过10万的水灾多数发生在这里，1931年长江发生重大洪水，淹没7省205县，受灾人口达2860万，死亡14.5万人，随之而来的饥饿、瘟疫致使300万人惨死。而号称"黄河之水天上来"的中华母亲河黄河，曾在历史上决口1500次，重大改道26次，淹死数百万人。中国甚至在1642年和1938

洪　水

年发生了两次人为的黄河决口，分别淹死34万和89万人。目前，我国1/10的国土面积、5亿人口、5亿亩耕地、100多座大中城市、全国70%的工农业总产值受到 洪水灾害的威胁。时间上，除了黄河凌汛外，我国的洪水大都发生在7、8、9三个月；地区上，洪水主要发生在我国七大江河及其支流的中下游地区。

 气象灾害小常识

我国七大江河洪水灾害

珠江。珠江流域洪水灾害频繁。1915年7月珠江发生流域性大洪水，西江、北江洪峰流量皆达200年一遇的最高峰。西江与北江洪水相遇，东江也发洪水，北江大堤溃块，梧州三楼上水，广州被洪水淹没7天，珠江三角洲受灾农田648万亩，灾民378万人，死伤十余万人，经济损失高达100亿元。

长江。建国以来1949年、1954年洪水最大。1954年洪水淹没农田4755万亩，受灾人口1888万人，死亡3.3万人，直接经济损失达100亿元。

淮河。自1194年淮河下游被黄河截夺后，淮河成为我国洪水灾害最严重的河流之一。1957年8月由于台风影响，该流域范围内连降暴雨，发生特大洪水，淹没面积达1.2万平方千米，1700万亩农田被淹，1100万人受灾，经济损失达100亿元。

黄河。解放前的1000年中黄河决口达1500次，大改道26次。1117年

黄河决口，淹死100万人。1642年水淹开封，全城37万人中，死亡34万人。但解放后，由于加修了黄河防洪大堤，50年来安然无恙。

海河。海河是易发生洪水的河流。解放后水淹面积达到或超过5000万亩的年份有1949年、1954年、1956年、1963年。其中1963年洪水最大，三大水系决口2400处，有104个县市遭灾，淹没农田6600万亩。保定、邢台、邯郸市水深2~3米，倒房450万间，受灾人口2200万，死5640人，2254个工矿企业停产，京广铁路27天不能通车，直接经济损失60亿元。

辽河。辽河历史上洪水频繁，近800年发生洪水81次。解放后1951年、1953年都曾发生特大洪水，1985年因受台风影响连降暴雨，辽河、浑河、太子河同时出现洪水，决口4000多处，受灾人口1200多万人，倒房17.4万间，受灾农田6000多万亩，直接经济损失47亿元。

松花江。1932年松花江大水，哈尔滨被淹，水深平均3米，38万人口中24万人受灾。1985年8月松花江大水，受灾农田3500万亩，倒房91万间。概括而言，1954年、1963年、1975年、1985年为我国洪水高峰年。

洪水灾害中如何原地待救：水灾的发生，都是灾害能量积累到一定程度的结果，因此在洪水到来前，洪灾区群众应利用这段有限的时间尽可能充分地作好准备。有条件者可修筑或加高围堤；无条件者选择登高避难之所，如基础牢固的屋顶、在大树上筑棚、搭建临时避难台。蒸煮可供几天食用的食品，宰杀家畜制成熟食；将衣被等御寒物放至高处保存；扎制木排，并搜集木盆、木块等漂浮材料加工为救生设备以备急需；将不便携带的贵重物品做防水捆扎后埋入地下

洪水摧毁树木庄稼

或置放高处，票款、首饰等物品可缝在衣物中；准备好医药、取火等物品；保存好各种尚能使用的通讯设施。

　　洪水将至，应该如何逃生：处于水深在0.7米以上至2米的淹没区内，或洪水流速较大难以在其中生活的居民，应及时采取避难措施。因避难主要是大规模、有组织的避难，所以要注意：一要让避难路线家喻户晓，让每一个避难者弄清，洪水先淹何处，后淹何处，以选择最佳路线，避免造成"人到洪水到"的被动；二要认清路标。在那些洪水多发的地区，政府修筑有避难道路。一般说来，这种道路应是单行线，以减少交通混乱和阻塞。在那些避难道路上，设有指示前进方向的路标，如果避难人群未很好地识别路标，盲目地走错路，

再往回折返，便会与其他人群产生碰撞、拥挤，产生不必要的混乱；三要保持镇定的情绪。掌握"灾害心理学"实际上也是一种学问。专家介绍，在一个拥有150万人口的滞洪区，当地曾做过一次避难演习，仅仅是一个演习，竟因为人多混乱挤塌了桥，发生死伤事故。在洪灾中，避难者由于自身的苦痛、家庭的巨大损失，已经是人心惶惶，如果再受到流言蜚语的蛊惑、避难队伍中突然发出的喊叫、警车和救护车警笛的乱鸣这些外来的干扰，极易产生不必要的惊恐和混乱。

农村的避难场所大体有两类：一是大堤上。但那里卫生条件差，缺少上下水设施，人们只是将洪水沉淀一下、洒些漂白粉直接饮用；加之人畜吃喝、排泄都在这里，生活垃圾堆积，时间一长，极易染上疾病；二是村对村、户对户，邻近村与受灾村结成长期的"对手村"关系。在洪

救助洪水围困群众

水多发的乡村，政府通过发放卡片方式形成"对手户"。专家自豪地说，这是外国所不具备的，我国人民长期与洪水斗争保留下来的良好传统。

山　洪

山洪是山丘区特殊的洪水，群众习惯称之"发蛟"。洪水历时一般几十分钟到一两个小时。山洪冲毁房屋、田地、道路和桥梁，常造成人身伤亡和财产损失。例如：1933年12月31日深夜在美国洛杉矶地区降暴雨引起山洪，冲毁房屋400栋，淹死40人，损失5000万美元。1934年7月11日在日本石川县下平取川的一次暴雨山洪，一之濑村及赤岩村被淹没，有50余人下落不明，福冈金泽市营第二发电所全部被冲走。在中国山西省平顺县东当村，1956年8月2～3日降暴雨，在流域面积仅1平方千米的狼郊沟内山洪暴发，造成沟崖坍塌，堵塞沟道，形成天然水库，随后挡水坝体突然溃决，村内43户92人和109间房屋，财产全遭毁灭。

一般形成山洪的地形特征是中高山区，相对高差大，河谷坡度陡峻。降雨激发山洪的现象，一是前期降雨和一次连续降雨共同作用，二是前期降雨和最大一小时降雨量起主导激发作用。山顶土体含水量饱和，土体下面的岩层裂隙中的压力水体的压力剧增。当遇暴雨，能量迅速累积；致使原有土体平衡破坏，土体和岩层裂隙中的压力水体冲破表面覆盖层，瞬间从山体中上

山 洪

部倾泻而下，造成山洪和泥石流。

要搞好山洪防治，实现工作目标，必须扎实开展好两项基础工作。一是合理划分山洪影响区域。针对各地的气候和地质及地貌条件，在认真分析历史山洪灾害造成危害的基础上，确定山洪易发区，做到胸中有数，这是山洪防治的首要工作。在此基础上再根据山洪灾害发生的可能性及危害性的程度大小，一般将山洪易发区划分为危险区和警戒区；二是探索规律，科学确定灾害特征雨量。由于山洪是由降雨形成的，因此，科学确定山洪致灾的特征雨量是山洪防治，特别是制定山洪防御方案的关键依据。一般可根据当地下垫面条件和对历史山洪灾害形成及演变过程的分析，确定警戒雨量和危险雨量。

涝　灾

涝灾是由于本地降水过多，地面径流不能及时排除，农田积水超过作物耐淹能力，造成农业减产的灾害。造成农作物减产的原因是，积水深度过大，时间过长，使土壤中的空气相继排出，造成作物根部氧气不足，根系部呼吸困难，并产生乙醇等有毒有害物质，从而影响作物生长，甚至造成作物死亡。

涝灾可以分为以下几个类型：

洪涝：洪涝灾害可分为洪水、涝害、湿害。

洪水：大雨、暴雨引起山洪暴发、河水泛滥、淹没农田、毁坏农业设施等。

涝害：雨水过多或过于集中或

返浆水过多造成农田积水成灾。

湿害：洪水、涝害过后排水不良，使土壤水分长期处于饱和状态，作物根系缺氧而成灾。

洪涝灾害主要发生在长江、黄河、淮河、海河的中下游地区。

春涝：主要发生在华南、长江中下游、沿海地区。

夏涝：夏涝是我国的主要涝害，主要发生在长江流域、东南沿海、黄淮平原。

秋涝：多为台风雨造成，主要发生在东南沿海和华南。

从洪涝灾害的发生机制来看，洪涝具有明显的季节性、区域性和可重复性。如我国长江中下游地区的洪涝几乎全部都发生在夏季，并且成因也基本上相同，而在黄河流域则有不同的特点。同时，洪涝灾害具有很大的破坏性和普遍性。洪涝灾害不仅对社会有害，甚至能够严重危害相邻流域，造成水系变迁。并且，在不同地区均有可能发生洪涝灾害，包括山区、滨海、河

洪涝灾害

黄 河

流入海口海口、河流中下游以及冰川周边地区等。但是，洪涝仍具有可防御性。人类不可能彻底根治洪水灾害，但通过各种努力，可以尽可能地降低灾害的影响。

凌 汛

俗称冰排的凌汛，是冰凌对水流产生阻力而引起的江河水位明显上涨的水文现象。冰凌有时可以聚集成冰塞或冰坝，造成水位大幅度地抬高，最终漫滩或决堤，称为凌汛。在冬季的封河期和春季的开河期都有可能发生凌汛。中国北方的大河，如黄河、黑龙江、松花江，

黄河凌汛

容易发生凌汛。

　　产生凌汛的自然条件取决于河流所处的地理位置及河道形态。在高寒地区，河流从低纬度流向高纬度并且河道形态呈上宽下窄，河道弯曲回环的地方出现严重凌汛的机遇较多。这是因为河流封冻时下段早于上段，解冻时上段早于下段。而且冰盖厚度下段厚上段薄。当河道下段出现冰凌以后，阻拦了一部分上游来水，增加了河槽蓄水量，当融冰开河时，这部分槽蓄水急剧释放出来，出现凌峰向下传递，沿程冰水越聚越多，冰峰节节增大。当上游的冰水向下游传播时，遇上较窄河段或河道转弯的地方卡冰形成冰坝，使上游水位增高。凌汛严重于否，取决于河道冰凌对水位影响的程度，通常只有在河道中出现严重的冰或冰坝后，才会引起水位骤涨，造成严重的凌汛。

黄河流域东西跨越23个经度，南北相隔10个纬度，地形和地貌相差悬殊，径流量变幅也较大。冬春季受西伯利亚和蒙古一带冷空气的影响，偏北风较多，气候干燥寒冷，雨雪稀少。流域内冬季气温的分布是：西部低于东部，北部低于南部，高山低于平原。元月平均气温都在0℃以下。年极端最低气温：上游–25℃～–53℃，中游–20℃～–40℃，下游–15℃～–23℃。因此，黄河干流和支流冬季都有程度不同的冰情现象出现。

黄河凌汛

这些冰情除对冬季的水运交通、供水、发电及水工建筑物等有直接影响外，尤其在河流中出现冰塞、冰坝这种特殊冰情以后，还会导致凌汛泛滥成灾。

黄河沿岸至兰州河段为黄河上游的首端，虽气候严寒而漫长，但由于黄河穿行于青藏高原山脉之间，各河段河道比降相差悬殊，流速变化亦较大。因此，有的区间河段既有流凌又能封冻；有的区间河段仅能流凌不能封冻；还有的区间河段在自然条件下经常发生封冻，但水库修建后改变了热力、水力条件，使水库上游发生过几次冰塞，水库下游变封冻为不封冻。

黄河从河南省桃花峪到入海口称为下游，全长786千米，两岸筑有大堤，在山东垦利县注入渤海。下游河道上宽下窄，河道走向呈西南、东北方向，冬季经常受寒潮侵袭，日平均气温上下河段相差3℃～4℃，并且是正负交替出现，

河道流量一般在每秒200～400立方米。由于河道、气象、水文等自然条件作用，下游每年都有凌汛，经常发生插凌、封河。新中国成立以来封河30多次，大多先由河口开始封河，而后逐段向上插封。一般年份封冻总长约400千米左右，最短40千米，最长703千米。开河则由上而下，冰水沿程积集，造成明显凌峰，并易在浅滩、急弯或狭窄河段受阻卡塞，形成冰坝，使河段水位迅速抬高，威胁堤防安全，甚至造成凌灾。

黄河下游凌汛在历史上曾以决口频繁、危害严重、难以防治而闻名。据历史上不完全统计，自1883年至1936年的54年中，就有21年凌汛期发生决口，平均五年两决口。即使在新中国成立初期，黄河下游山东河口地区仍发生过两次凌汛决口。历史上曾有"伏汛好抢，凌汛难防""凌汛决口，河官无罪"之说。新中国成立以后，黄河下游人

黄河凌汛

民在党和政府的领导下，战胜了多次严重凌汛，扭转了历史上五年两决口的险恶局面，连续取得了49年凌汛未决口的伟大成就。

干 旱

干旱是因长期少雨而空气干燥、土壤缺水的气候现象。随着人类的经济发展和人口膨胀，水资源短缺现象日趋严重，这也直接导致了干旱地区的扩大与干旱化程度的加重，干旱化趋势已成为全球关注

告诉你可怕的 **自然灾害**

干　旱

的问题。

按连续无降雨天数，干旱可以划分为：

小旱：连续无降雨天数，春季达16～30天、夏季16～25天、秋冬季31～50天。损失小。

中旱：连续无降雨天数，春季达31～45天、夏季26～35天、秋冬季51～70天。损失中。

大旱：连续无降雨天数，春季达46～60天、夏季36～45天、秋冬季71～90天。损失较大。

特大旱：连续无降雨天数，春季在61天以上、夏季在46天以上、秋冬季在91天以上。

中国通常将农作物生长期内因缺水而影响正常生长称为受旱，受旱减产三成以上称为成灾。经常发生旱灾的地区称为易旱地区。旱灾是普遍性的自然灾害，不仅农业受灾，严重的还影响到工业生产、城市供水和生态环境。

据资料显示，已列入"世界100灾难排行榜"的1199年初的埃及大饥荒、1898年的印度大饥荒和1873年的中国大饥荒都是因为干旱缺水造成的，千百万人死于非命。全世界本世纪内发生的"十大灾害"中，洪灾榜上无名，地震有3次，台风和风暴潮各一次，而旱灾却高居首位，有5次，它们是：1920年，中国北方大旱。山东、河南、山西、陕西、河北等省遭受了40多年未遇的大旱灾，灾民2000万，死亡50万人；1928—1929年，中国陕西大旱。陕西全境共940万人受灾，死者达250万人，逃者40余万人，被卖妇女竟达30多万人；1943年，中国广东大旱。许多地方年初至谷雨没有下雨，造成严重粮荒，仅台山县饥民就死亡15万人。有些灾情严重的村子，人口损失过半；1943年，印度、孟加拉等地大旱。无水浇灌庄稼，

干　旱

粮食歉收，造成严重饥荒，死亡350万人；1968—1973年，非洲大旱。涉及36个国家，受灾人口2500万人，逃荒者逾1000万人，累计死亡人数达200万以上。仅撒哈拉地区死亡人数就超过150万。

撒哈拉沙漠

植树造林

自然界的干旱是否造成灾害，受多种因素影响，对农业生产的危害程度则取决于人为措施。世界范围各国防止干旱的主要措施是：①兴修水利，发展农田灌溉事业；②改进耕作制度，改便作物构成，选育耐旱品种，充分利用有限的降雨；③植树造林，改善区域气候，减少蒸发，降低干旱的危害；④研究应用现代技术和节水措施，例如人工降雨、喷滴灌、地膜覆盖、保墒，以及暂时利用质量较差的水源，包括劣质地下水以至海水等。

告诉你可怕的**自然灾害**

气象灾害小常识

丁戊奇荒

在清代频繁的旱灾中，最大、最具毁灭性的一次，要数光绪初年的华北大旱灾。这次大旱的特点是时间长、范围大、后果特别严重。从1876年到1879年，大旱持续了整整四年。受灾地区有山西、河南、陕西、直隶（今河北）、山东等北方五省，并波及苏北、皖北、陇东和川北等地区；大旱不仅使农产绝收，田园荒芜，而且"饿殍载途，白骨盈野"，饿死的人竟达一千万以上。由于这次大旱以1877年、1878年为主，而这两年的阴历干支纪年属丁丑、戊寅、所以人们称之为"丁戊奇荒"，又因河南、山西旱情最重，又称"晋豫奇荒'、"晋豫大饥"。

这场大旱灾是光绪元年（1875年）拉开序幕的。这一年，北方各省大部分地区先后呈现出干旱的迹象，京师和直隶地区在仲春时节便显示了灾情。一直到冬天，仍然雨水稀少。与此同时，山东、河南、山西、陕西、甘肃等省，都在这年秋后相继出现严重旱情。光绪二年（1876年），旱情加重，受灾范围也进一步扩大。以直隶、山东、河南为主要灾区，北至辽宁、西至陕甘、南达苏皖，形成了一片前所未有的广袤旱区。大旱的第三年（1877年）冬天，重灾区山西，到处都有人食人现象。旱灾的阴影，同时还笼罩着陕西全省。走投无路的饥民铤而走险，聚众抢粮，有的甚至"拦路纠抢，私立大旗，上书'王法难犯，饥饿难当'八字"。

50

风　害

风害是风给农业生产造成的危害。大风使叶片机械擦伤、作物倒伏、树木断折、落花落果而影响产量。大风还造成土壤风蚀、沙丘移动，而毁坏农田。在干旱地区盲目垦荒，风将导致土地沙漠化。牧区的大风和暴风雪可吹散畜群，加重冻害。地方性风，如海上吹来的含盐分较多的海潮风、高温低湿的焚风和干热风，都严重影响果树开花、坐果和谷类作物的灌浆。防御风害的措施有：培育矮化、抗倒伏、耐摩擦的抗风品种；营造防风林；设置风障等。北方早春的大风，使树木常发生风害，出现偏冠和偏心

风蚀奇观

防护林

现象，偏冠会给树木整形修剪带来困难，影响树木功能作用的发挥；偏心的树易遭受冻害和日灼，影响树木正常发育。

预防和减轻风害可以选择抗风树种。在种植设计时，风口、风道处选择抗风性强的树种，如垂柳、乌桕等，选择根深、矮干、枝叶稀疏坚韧的树木品种。不要选择生长迅速而枝叶茂密及一些易受虫害的树种。注意苗木质量及栽植技术。苗木移栽时，特别是移栽大树，如果根盘起的小，则因树身大，易遭风害。所以大树移栽时一定要立支柱，以免树身吹歪。在多风地区栽植，坑应适当大，如果小坑栽植，树会因根系不舒展，发育不好，重心不稳，易受风害。对于遭受大风危害的风树及时顺势扶正，培土为馒头形，修去部分枝条，并立支柱。对裂枝要捆紧基部伤面，促其愈合，并加强肥水管理，促进树势的恢复。

垂　柳

寒　潮

寒潮是冬季的一种灾害性天气，人们习惯把寒潮称为寒流。所谓寒潮，就是北方的冷空气大规模地向南侵袭我国，造成大范围急剧降温和偏北大风的天气过程。寒潮一般多发生在秋末、冬季、初春时节。我国气象部门规定：冷空气侵入造成的降温，一天内达到10℃以上，而且最低气温在 5℃以下，则称此冷空气爆发过程为一次寒潮过程。可见，并不是每一次冷空气南下都称为寒潮。

寒潮过后的冰凌

在北极地区由于太阳光照弱，地面和大气获得热量少，常年冰天雪地。到了冬天，太阳光的直射位置越过赤道，到达南半球，北极地区的寒冷程度更加增强，范围扩大，气温一般都在-40℃～-50℃以下。范围很大的冷气团聚集到一定程度，在适宜的高空大气环流作用下，就会大规模向南入侵，形成寒潮天气。我国位于欧亚大陆的东

北 极

南部，从我国往北去，就是蒙古国和俄罗斯的西伯利亚。西伯利亚是气候很冷的地方，再往北去，就到了地球最北的地区——北极了。那里比西伯利亚地区更冷，寒冷期更长。影响我国的寒潮就是从那些地方形成的。

入侵我国的寒潮主要有三条路

告诉你可怕的 **自然灾害**

径：①西路：从西伯利亚西部进入我国新疆，经河西走廊向东南推进；②中路：从西伯利亚中部和蒙古进入我国后，经河套地区和华中南下；③从西伯利亚东部或蒙古东部进入我国东北地区，经华北地区南下。

寒潮和强冷空气通常带来的大风、降温天气，是我国冬半年主要的灾害性天气。寒潮大风对沿海地区威胁很大，如1969年4月21日至25日那次的寒潮，强风袭击渤海、黄海以及河北、山东、河南等省，陆地风力7～8级，海上风力8～10级。此时正值天文大潮，寒潮爆发造成了渤海湾、莱洲湾几十年来罕见的风暴潮。在山东北岸一带，海水上涨了3米以上，冲毁海堤50多千米，海水倒灌30～40千米。

寒潮带来的雨雪和冰冻天气对

风暴潮

雨雪天气

交通运输危害不小。如1987年11月下旬的一次寒潮过程，使哈尔滨、沈阳、北京、乌鲁木齐等铁路局所管辖的不少车站道岔冻结，铁轨被雪埋，通信信号失灵，列车运行受阻。雨雪过后，道路结冰打滑，交通事故明显上升。寒潮袭来对人体健康危害很大，大风降温天气容易引发感冒、气管炎、冠心病、肺心病、中风、哮喘、心肌梗塞、心绞痛、偏头痛等疾病，有时还会使患者的病情加重。

冷　害

冷害是农业气象灾害的一种，即作物在生长季节内，因温度降到生育所能忍受的低限以下而受害。某些作物受害后形态上无明显症状，不易发现，俗称"哑巴灾"。

冷害发生时的日平均温度都在0℃以上，有时甚至可达20℃左右，因作物及其所处的发育期而异。同一种冷害在不同地区有不同的称谓。如水稻抽穗开花期的冷害发生在中国长江中下游地区的称秋季低温害，俗称"翘穗头"；发生在广东、广西地区时因值寒露节气，故称寒露风。

冷害的发生范围在世界上分布很广，纬度和海拔越高，越易发生。日本

低温冷害

北部有较高的发生机率，70年代有严重冷害的共达6年，1980年的冷害使288.6万公顷的农田面积受害。此外，在澳大利亚、朝鲜、美国、加拿大、尼泊尔、印度和秘鲁等国，冷害也常有发生。中国的冷害以东北地区较为严重，长江流域主要发生在春秋季，云贵高原主要发生在8、9月份。

我国常见冷害主要有：①东北地区一年一熟喜温作物，如水稻、玉米等，各种类型的冷害均可能出现，往往造成粮食大幅度减产；②华南双季稻，因春季"倒春寒"造成早稻烂秧，秋季"寒露风"造成晚稻空粒。华北一季稻也有因"倒春寒"引起秧田死苗。华中的麦茬稻在开花期遇低温，空粒增多，稻穗不下垂，俗称"翘穗头"；③橡胶树受冷害，在华南多表现为破皮流胶，枝叶枯萎，以至全株死亡；在云南多表现为"烂脚"，树干基部霉烂一圈而死亡。冷害的严重程度，取决于低温强度和持续时间、天气阴晴、风力大小、作物品种和发育期等。

甜瓜遭受冷害

冷害对作物生理的影响主要表现在：①削弱光合作用。如各种作物均以24℃时的光合作用强度为100%，则在12℃条件下大豆的光合作用强度为85%，水稻为81%，高粱为74%，玉米为62%。低温使光合作用强度降低15～38%。②减少养分吸收。低温减少根系对养分的吸收能力，以24℃条件下对养分的吸收为100%，在12℃条件下水稻对铵态氮的吸收为50%，磷为44%，钾为42%；大豆对铵态氮的吸收为87%，磷为55%，钾为70%，均显着减少。③影响养分的运转。低温能妨碍光合产物和矿物质营养向生长器官输送，使作物正在生长的器官因养分不足而瘦小、退化或死亡。在幼穗伸长期，低温使茎秆向穗部的养分输送受阻，花药组织不能向花粉正常输送碳水化合物，从而妨碍花粉的充实和花药的正常开裂、散粉。在灌浆过程

水稻低温冷害

中，低温不仅因减弱光合作用而使碳水化合物的合成减少，而且阻碍光合产物向穗部的输导。

防御措施主要有：①根据当地气候条件，确定适合的作物品种和播种期，以便在低温敏感期避开有害低温。②根据冷害预报调整作物布局和品种比例。如中国南方稻区根据春秋温度条件调整双季稻种植面积和早晚熟品种的搭配，北方根据生长季节的热量条件安排水稻、玉米、大豆、高粱等大秋作物的种植比例，冷害年扩大耐寒作物和早熟品种的面积等。③调节农田小气候。利用塑料薄膜温床育苗移栽，既可克服春季低温危害，又能使作物提早成熟，避开秋季低温。在低温来临之前，灌水或喷洒保墒剂等常可改善近地层温度状况。④培育作物的耐寒早熟品种。⑤加强农田基本建设和田间管理等。

冻 害

冻害是农业气象灾害的一种。即作物在0℃以下的低温使作物体内结冰，对作物造成的伤害。常发生的有越冬作物冻害、果树冻害和经济林木冻害等。冻害对农业威胁很大，如美国的柑橘生产、中国的冬小麦和柑橘生产常因冻害而遭受巨大损失。冻害可以分为作物生长时期的霜（白霜和黑霜）冻害和作物休眠时期的寒冻害两种。霜冻害指春季冬麦返青后或春播作物出苗后，桃、葡萄、苹果等果树萌发或开花后遇到特别推迟的晚霜，和秋季冬麦出苗后或春播或夏播作物未

冻害

成熟，果树尚未落叶休眠时遇到特别提前的早霜而受害。

不同作物受冻害的特点不同，如冬小麦主要可分为：①冬季严寒型。冬季无积雪或积雪不稳定时易受害；②入冬剧烈降温型。麦苗停止生长前后气温骤然大幅度下降，或冬小麦播种后前期气温偏高生长过旺时遇冷空气易受害；③早春融冻型。早春回暖融冻，春苗开始萌动时遇较强冷空气易受害，等等。

不同作物、品种的冻害指标也各不相同，如小麦多采用植株受冻死亡50%以上时分蘖节处的最低温度作为冻害的临界温度，即衡量植株抗寒力的指标。抗寒性较强品种的冻害临界温度是-17℃～-19℃、抗寒性弱的品种是-15℃～-18℃。

▲ 柑　橘

葡　萄 ▶

成龄果树发生严重冻害的临界温度：柑橘为–7℃～–9℃，葡萄为–16℃～–20℃。

冻害的造成与降温速度、低温的强度和持续时间，低温出现前后和期间的天气状况、气温日较差等及各种气象要素之间的配合有关。在植株组织处于旺盛分裂增殖时期，即使气温短时期下降，也会受害；相反，休眠时期的植物体则抗冻性强。各发育期的抗冻能力一般依下列顺序递减：花蕾着色期→开花期→座果期。

为了防御冻害，宜根据当地温度条件，选用抗寒品种，并确定不同作物的种植北界和海拔上限。防冻的栽培措施包括越冬作物播种适时、播种深度适宜、北界附近实施沟播和适时浇灌冻水，果树夏季适时摘心、秋季控制灌水、冬前修剪等。各种形式的覆盖，如葡萄埋土、果树主干包草、柑橘苗覆盖草帘和风障，以及经济作物覆盖塑料薄膜等，也有良好的防冻效果。

雪　灾

雪灾亦称白灾，是因长时间大量降雪造成大范围积雪成灾的自然现象。根据我国雪灾的形成条件、分布范围和表现形式，将雪灾分为三种类型：雪崩、风吹雪灾害（风雪流）和牧区雪灾。雪灾是中国牧区常发生的一种畜牧气象灾害，主要是指依靠天然草场放牧的畜牧业地区，由于冬半年降雪量过多和积雪过厚，雪层维持时间长，影响畜牧正常放牧活动的一种灾害。

对畜牧业的危害，主要是积雪

雪 灾

掩盖草场，且超过一定深度，有的积雪虽不深，但密度较大，或者雪面覆冰形成冰壳，牲畜难以扒开雪层吃草，造成饥饿，有时冰壳还易划破羊和马的蹄腕，造成冻伤，致使牲畜瘦弱，常常造成牧畜流产，仔畜成活率低，老弱幼畜饥寒交迫，死亡增多。同时还严重影响甚至破坏交通、通讯、输电线路等生命线工程，对牧民的生命安全和生活造成威胁。雪灾主要发生在稳定积雪地区和不稳定积雪山区，偶尔出现在瞬时积雪地区。中国牧区的雪灾主要发生在内蒙古草原、西北和青藏高原的部分地区。积雪对牧草的越冬保温可起到积极的防御作用，旱季融雪可增加土壤水分，促进牧草返青生长。积雪又是缺水或无水冬春草场的主要水源，解决人畜的饮水问题。但是雪量过大、积雪过深、持续时间过长、则造成牲畜吃草困难，甚至无法放牧，而形

雪灾阻碍交通

成雪灾。

人们通常用草场的积雪深度作为雪灾的首要标志。由于各地草场差异、牧草生长高度不等，因此形成雪灾的积雪深度是不一样的。内蒙古和新疆根据多年观察调查资料分析，对历年降雪量和雪灾形成的关系进行比较，得出雪灾的指标。轻雪灾：冬春降雪量相当于常年同期降雪量的120%以上；中雪灾：冬春降雪量相当于常年同期降雪量的140%以上；重雪灾：冬春降雪量相当于常年同期降雪量的160%以上。雪灾的指标也可以用其它物理量来表示，诸如积雪深度、密度、温度等，不过上述指标的最大优点是使用简便，且资料易于获得。雪灾预警信号分三级，分别以黄色、橙色、红色表示。黄色为三级防御状态，上面是橙色，最后的红色表示一级紧急状态和危险情况。

雪　灾

 气象灾害小知识

我国历史上的雪灾

《资治通鉴》等书记载，长沙地区最早的大雪记录当在2000年前，即公元前37年，西汉建昭二年，包括湖南长沙在内的楚地，降了一场深五尺、形成灾害的大雪。因为文献失记，直到唐帝国以后的五代十国时期（950年），史书才第一次明确标记发生在长沙城的大雪，即："潭州大雪，盈四尺。"潭州治地即今天的长沙。

明熹宗天启元年（1621年），长沙、善化、益阳、浏阳等地大冰雪，在善化（即今天的南长沙）大椿桥刘宅，"六人，一夜全冻

死。";康熙年间湘江冰上"人马可行";清嘉庆五年(1800年),"长沙、善化、平江、湘乡、晃州厅,九月大雪,深尺许"。

1954年的"大冰冻"起于1954年12月26日。当天晚上,"寒流开始第二次袭扰洞庭湖,洞庭湖全部堤垸很快就冰封雪盖了,堤岸上的树木被冰雪压得弓变低垂,数十里电线被冰凌坠折。气温由20℃,骤然降到-8℃,风雪持续了11天,湖上的老人们说:这是洞庭湖20多年没见过的大严寒大冰冻。"

1961年湖南历史考古研究所编撰的《湖南自然灾害年表》记载:在新中国成立以前的湖南地区,有40日未解冻的(平江),冰冻达三个月之久。在冰雪为灾的日子里,湖南的冰冻,时常有大雪或连续降雨,有降雪连续四十余日的(永州)、有积雪由小除日至次年二月始霁的(安化),有大雪深四五尺的(湘乡、湘阴、平江、邵阳)。不仅损害林木果蔬,冰毙人畜,而且阻碍交通。

暴风雪

冬春季节,在强冷空气爆发南下时,常常形成强降温和大风伴随降雪或大风卷起地面积雪天气,飞雪随风弥漫,一片白茫茫,能见度极低,这就是"暴风雪",气象上称为"吹雪"或"雪暴"。

一般牲畜的抗寒能力大于抗热能力。在暴风雪天气中,因非蒸发性散热加大,牲畜机体在维持一段时间的热调节平衡之后,体温将逐

暴风雪

渐下降。据测定，在低温和大风环境中，绵羊的体温降到28℃左右时可导致死亡。在春季。牧草枯黄，且数量少，质量低，畜体衰弱膘情很差，御寒能力降低。当遇到暴风雪袭击时，不仅使畜群惊恐不安，往往因辨不清方向而随风狂奔不止，无法赶拢回圈，常常掉进湖泊水泡或掉下山崖，摔死冻死。怀孕母畜在逆境中奔跑，容易导致机械性流产；即使在棚圈内，因避风雪寒，常常互相上垛，挤压取暖，也会使怀孕母畜流产，有的活活被压死。有的幼畜甚至异嗜污雪、或结冰牧草，引起恶性传染病的爆发，导致幼畜死亡率剧增。因此，暴风雪是牧业生产上的灾害性天气之一。

1966年2月至4月初新疆伊犁、塔城、阿勒泰等地区连续出现暴风

告诉你可怕的**自然灾害**

暴风雪

雪天气，积雪深度达25～45厘米，其中阿勒泰2月最大积雪深度达73厘米，稳定积雪持续到4月16日才结束。风力一般有6～7级，有的达9～10级。暴风雪及低温积雪使全疆损失牲畜达411万头（只），仅阿勒泰地区就损失达100万头（只），占该地总数的40%以上。

70

气象灾害小知识

2008年中国南方雪灾

在2008年1月10日，雪灾在南方爆发了。严重的受灾地区有湖南、贵州、湖北、江西、广西北部、广东北部、浙江西部、安徽南部、河南南部。截至2008年2月12日，低温雨雪冰冻灾害已造成21个省（区、市、兵团）不同程度受灾，因灾死亡107人，失踪8人，紧急转移安置151.2万人，累计救助铁路公路滞留人员192.7万人；农作物受灾面积1.77亿亩，绝收2530亩；森林受损面积近2.6亿亩；倒塌房屋35.4万间；造成1111亿元人民币直接经济损失。

造成这次雪灾的天气成因是什么呢？形成大范围的雨雪天气过程，最主要的原因是大气环流的异常，尤其在欧亚地区的大气球流发生异常。我们都知道，大气环流有着自己的运行规律，在一定的时间内，维持一个稳定的环流状态。在青藏高原西南侧有一个低值系统，在西伯利亚地区维持一个比较高的高值系统，也就是气象上说的低压系统和高压系统。这两个系统在这两个地区长期存在，低压系统给我国的南方地区，主要是南部海区和印度洋地区，带来比较丰沛的降水。而来自西伯利亚的冷高压，向南推进的是寒冷的空气。很明白，正常情况下，冬季控制我国的主要是来自西伯利亚的冷空气，使得中国大部地区干燥寒冷。

告诉你可怕的 自然灾害

　　而在2008年1月，西南暖湿气流北上影响我国大部分地区，而北边的高压系统稳定存在，从西伯利亚地区不断向南输送冷空气，冷暖空气在长江中下游及以南地区就形成了一个交汇，冷空气密度比较大，暖空气就会沿着冷空气层向上滑升，这样暖湿气流所携带的丰富的水气就会凝结，形成雨雪的天气。由于这种冷暖空气异常地在这一带地区长时间交汇，导致中国南方大范围的雨雪天气持续时间就比较长。实际上我国南方地区这三次雨雪天气过程，主要就是西南暖湿气流的三次加强，相应的出现了三次比较大的雨雪天气过程。其中2008年1月26、27、28日的第三次大范围持续性雨雪天气过程强度强，再加上前两次的影响，因而造成了最严重的损失。

2008年中国南方雪灾

冰 雹

冰雹，也叫"雹"，俗称雹子，有的地区叫"冷子"，夏季或春夏之交最为常见，它是一些小如绿豆、黄豆，大似栗子、鸡蛋的冰粒，特大的冰雹比柚子还大。我国除广东、湖南、湖北、福建、江西等省冰雹较少外，各地每年都会受到不同程度的雹灾。尤其是北方的山区及丘陵地区，地形复杂，天气多变，冰雹多，受害重，对农业危

冰 雹

告诉你可怕的自然灾害

害很大,猛烈的冰雹打毁庄稼,损坏房屋,人被砸伤、牲畜被打死的情况也常常发生。因此,雹灾是我国严重灾害之一。

冰雹灾害是由强对流天气系统引起的一种剧烈的气象灾害,它出现的范围虽然较小,时间也比较短促,但来势猛、强度大,并常常伴随着狂风、强降水、急剧降温等阵发性灾害性天气过程。中国是冰雹灾害频繁发生的国家,冰雹每年都给农业、建筑、通讯、电力、交通以及人民生命财产带来巨大损失。据有关资料统计,我国每年因冰雹所造成的经济损失达几亿元甚至几十亿元。因此,我们很有必要了解冰雹灾害时空动荡格局以及冰雹灾害所造成的损失情况,从而更好地防治冰雹灾害,减少经济损失。

中国冰雹最多的地区是青藏

冰雹灾害

高原，例如西藏东北部的黑河（那曲），每年平均有35.9天冰雹（最多年曾下降53天，最少也有23天）；其次是班戈31.4天、申扎28.0天、安多27.9天、索县27.6天，均出现在青藏高原。

下面，我们来谈一下冰雹的防治。

20世纪80年代以来，随着天气雷达、卫星云图接收、计算机和通信传输等先进设备在气象业务中大量使用，大大提高了对冰雹活动的跟踪监测能力。当地气象台（站）发现冰雹天气，立即向可能影响的气象台、站通报。各级气象部门将现代化的气象科学技术与长期积累的预报经验相结合，综合预报冰雹的发生、发展、强度、范围及危害，使预报准确率不断提高。为了尽可能提早将冰雹预警信息传送到各级政府领导和群众中去，各级气象部门通过各地电台、电视台、电话、微机服务终端和灾害性天气警报系统等媒体发布"警报""紧急警报"，使社会各界和广大人民群众提前采取防御措施，避免和减轻了灾害损失，取得了明显的社会和经济效益。

我国是世界上人工防雹较早的国家之一。由于我国雹灾严重，所以防雹工作得到了政府的重视

天气雷达

告诉你可怕的 **自然灾害**

和支持。目前，已有许多省建立了长期试验点，并进行了严谨的试验，取得了不少有价值的科研成果。开展人工防雹，使其向人们期望的方向发展，达到减轻灾害的目的。目前常用的方法有：①用火箭、高炮或飞机直接把碘化银、碘化铅、干冰等催化剂送到云里去；②在地面上把碘化银、碘化铅、干冰等催化剂在积雨云形成以前送到自由大气里，让这些物质在雹云里起雹胚作用，使雹胚增多，冰雹变小；③在地面上向雹云放火箭打高炮，或在飞机上对雹云放火箭、投炸弹，以破坏对雹云的水分输送；④用火箭、高炮向暖云部分撒凝结核，使云形成降水，以减少云中的水分；在冷云部分撒冰核，以抑制雹胚增长。

干　冰

76

冰 雹

　　农用防雹常用方法有：①在多雹地带，种植牧草和树木，增加森林面积，改善地貌环境，破坏雹云条件，达到减少雹灾目的；②增种抗雹和恢复能力强的农作物；③成熟的作物及时抢收；④多雹灾地区降雹季节，农民下地随身携带防雹工具，如竹篮、柳条筐等，以减少人身伤亡。

雷　击

　　一部分带电的云层与另一部分带异种电荷的云层，或者是带电的云层对大地之间迅猛的放电。这种迅猛的放电过程产生强烈的闪电并伴随巨大的声音，这就是我们所看到的闪电和雷鸣。当然，云层之间的放电主要对飞行器有危害，对地面上的建筑物和人、畜没有很大影响，云层对大地的放电，则对建筑物、电子电

雷　电

气设备和人、畜危害甚大。

通常雷击有三种主要形式：其一是带电的云层与大地上某一点之间发生迅猛的放电现象，叫做"直击雷"。其二是带电云层由于静电感应作用，使地面某一范围带上异种电荷。当直击雷发生以后，云层带电迅速消失，而地面某些范围由于散流电阻大，以致出现局部高电压，或者由于直击雷放电过程中，强大的脉冲电流对周围的导线或金属物产生电磁感应发生高电压以致发生闪击的现象，叫做"二次雷"或称"感应雷"。其三是"球形雷"。

自然界每年都有几百万次闪电。雷电灾害是"联合国国际减灾十年"公布的最严重的十种自然灾害之一。最新统计资料表明，雷电造成的损失已经上升到自然灾害的第三位。全球每年因雷击造成人员伤亡、财产损失不计其数。据不完全统计，我国每年因雷击以及雷击负效应造成的人员伤亡达3000～4000人，财产损失在50亿元到100亿元人民币。

雷电灾害所涉及的范围几乎遍布各行各业。现代电子技术的高速发展，带来的负效应之一就是其抗雷击浪涌能力的降低。以大规模集

雷　电

成电路为核心组件的测量、监控、保护、通信、计算机网络等先进电子设备广泛运用于电力、航空、国防、通信、广电、金融、交通、石化、医疗以及其它现代生活的各个领域，以大型CMOS集成元件组成的这些电子设备普遍存在着对暂态过电压、过电流耐受能力较弱的缺点，暂态过电压不仅会造成电子设备产生误操作，也会造成更大的直接经济损失和广泛的社会影响。

被雷击坏的电线杆

气象灾害小知识

雷击的急救和预防

一、主症

皮肤被烧焦，鼓膜或内脏被震裂，心室颤动，心跳停止，呼吸肌麻痹。

二、急救

1.伤者就地平卧，松解衣扣、乳罩、腰带等。

2.立即口对口呼吸和胸外心脏挤压，坚持到病人醒来为止。

3.手导引或针刺人中、十宣、涌泉、命门等穴。

4.送医院急救。

三、预防

1.单位防雷电六大办法

（1）单位应定期由有资质的专业防雷检测机构检测防雷设施，评估防雷设施是否符合国家规范要求。

（2）单位应设立防范雷电灾害责任人，负责防雷安全工作，建立各项防雷减灾管理规章，落实防雷设施的定期检测，雷雨后的检查和日常的维护。

（3）建设单位在防雷设施的设计和建设时，应根据地质、土壤、气象、环境、被保护物的特点、雷电活动规律等因素综合考虑，采用安全

可靠、技术先进、经济合理的设计和施工。

（4）应采用技术和质量均符合国家标准的防雷设备、器件、器材，避免使用非标准防雷产品和器件。

（5）新增加建设和新增加安装设备应用时对防雷系统进行重新设计和建设。

（6）雷灾发生时应及时向市防雷所上报情况，以便及时处理，避免再次雷击。

第三章

环境灾害

环境灾害是由于人类活动影响，并通过自然环境作为媒体，反作用于人类的灾害事件。这种灾害不限于各种自然现象，同时包括那些被打上人类活动烙印的类似事件，以及有损于人类自身利益的社会现象。它不同于一般环境污染现象，在某种程度上具有突发性，而且在强度与所造成的经济损失方面远远超过一般环境污染现象，对人类身心健康与社会安定的影响不亚于自然灾害。另外，环境灾害不同于自然灾害，是因为它不仅具有灾害的共性，还在于它的发生不仅取决于自然条件，而且在很大程度上是人为因素造成的。探索环境灾害的发生、发展与演变的客观规律，研究其成因机理与致灾过程，并据此确定科学有效的防灾。减灾与抗灾对策，最终达到减轻环境灾害所造成的损失，造福人类的目的。

1972年联合国斯德哥尔摩会议通过的《人类环境宣言》提醒人们："现在已达到历史上这样一个时刻：我们决定在世界各地行动时，必须更加审慎地考虑它们对环境产生的后果。"从联合国《人类环境宣言》发布至今已将近37年了。回顾近37年来走过的路程，我们看到，在发展中国家，由于人口压力和对自然资源的掠夺性开发，导致了生态环境日益恶化，给这些国家带来了极为严重的环境生态问题。本章将为大家介绍环境灾害的特征、产生原因等，希望对读者有帮助。

水土流失

地球上人类赖以生存的基本条件就是土壤和水分。在山区、丘陵区和风沙区，由于不利的自然因素和人类不合理的经济活动，造成地面的水和土离开原来的位置，流失到较低的地方，再经过坡面、沟壑，汇集到江河河道内去，这种现象称为水土流失。水土流失是在湿润或半湿润地区，由于植被破坏严重导致的。如果

水土流失

是在干旱地区的植被破坏，会导致沙尘暴或者土地荒漠化，而不是水土流失。

水土流失是不利的自然条件与人类不合理的经济活动互相交织作用产生的。不利的自然条件主要是：地面坡度陡峭，土体的性质松软易蚀，高强度暴雨，地面没有林草等植被覆盖；人类不合理的经济活动诸如：毁林毁草，陡坡开荒，草原上过度放牧，开矿、修路等生产建设破坏地表植被后不及时恢复，随意倾倒废土弃石等。水土流失对当地和河流下游的生态环境、生产、生活和经济发展都造成极大的危害。水土流失破坏地面完整，降低土壤肥力，造成土地硬石化、沙化，影响农业生产，威胁城镇安全，加剧干旱等自然灾害的发生、发

水土流失

展，导致群众生活贫困、生产条件恶化，阻碍经济、社会的可持续发展。

根据产生水土流失的"动力"，分布最广泛的水土流失可分为水力侵蚀、重力侵蚀和风力侵蚀三种类型。水力侵蚀分布最广泛，在山区、丘陵区和一切有坡度的地面，暴雨时都会产生水力侵蚀。它的特点是以地面的水为动力冲走土壤。

水力侵蚀

重力侵蚀主要分布在山区、丘陵区的沟壑和陡坡上，在陡坡和沟的两岸沟壁，其中一部分下部被水流淘空，由于土壤及其成土母质自身的重力作用，不能继续保留在原来的位置，分散地或成片地塌落。风力侵蚀主要分布在我国西北、华北和东北的沙漠、沙地和丘陵盖沙地区；其次是东南沿海沙地；再次是河南、安徽、江苏几省的"黄泛区"（历史上由于黄河决口改道带出泥沙形成）。它的特点是由于风力扬起沙粒，离开原来的位置，随风飘浮到另外的地方降落。

土地荒漠化

土地荒漠化简单地说土地荒漠化就是指土地退化，也叫"沙漠化"。1992年联合国环境与发展大会对荒漠化的概念作了这样的定义：荒漠化是由于气候变化和人类不合理的经济活动等因素，使干旱、半干旱和具有干旱灾害的半湿润地区的土地发生了退化。1996年6月17日第二个世界防治荒漠化和干旱日，联合国防

土地荒漠化

治荒漠化公约秘书处发表公报指出：当前世界荒漠化现象仍在加剧。全球现有12亿多人受到荒漠化的直接威胁，其中有1.35亿人在短期内有失去土地的危险。

荒漠化已经不再是一个单纯的生态环境问题，而且演变为经济问题和社会问题，它给人类带来贫困和社会不稳定。到1996年为止，全球荒漠化的土地面积已达到3600万平方千米，占到整个地球陆地面积的1/4，相当于俄罗斯、加拿大、中国和美国国土面积的总和。全世界受荒漠化影响的国家有100多个，尽管各国人民都在进行着同荒漠化的抗争，但荒漠化却以每年5～7万平方千米的速度扩大，相当于爱尔兰的国土面积。二十世纪末，全球损失约1/3的耕地。

在人类当今诸多的环境问题中，荒漠化是最为严重的灾难之一。对于受荒漠化威胁的人们来说，荒漠化意味着他们将失去最基本的生存基础——有生产能力的土地的消失。

我国荒漠化形势十分严峻。根据1998年国家林业局防治荒漠化办

土地荒漠化

告诉你可怕的 **自然灾害**

土地荒漠化

公室等政府部门发表的材料指出，我国是世界上荒漠化严重的国家之一。根据全国沙漠、戈壁和沙化土地普查及荒漠化调研结果表明：我国荒漠化土地面积为262.2万平方千米，占国土面积的27.4%，近4亿人口受到荒漠化的影响。

我国有风蚀荒漠化、水蚀荒漠化、冻融荒漠化、土壤盐渍化等四种类型的荒漠化土地。

风蚀荒漠化土地面积160.7万平方千米，主要分布在干旱、半干旱地区，在各类型荒漠化土地中是面积最大、分布最广的一种。其中，干旱地区约有87.6万平方千米，大体分布在内蒙古狼山以西，腾格里沙漠和龙首山以北包括河西走廊以北、柴达木盆地及其以北、以西到西藏北部。半干旱地区约有49.2万平方千米，大体分布在内蒙古狼山以东向南，穿杭锦后旗、橙口县、乌海市，然后向西纵贯河西

90

走廊的中—东部直到肃北蒙古族自治县，呈连续大片分布。亚湿润干旱地区约23.9万平方千米，主要分布在毛乌素沙漠东部至内蒙右东部和东经106度。

水蚀荒漠化总面积为20.5万平方千米，占荒漠化土地总面积的7.8%。主要分布在黄土高原北部的无定河、窟野河、秃尾河等流域，在东北地区主要分布在西辽河的中上游及大凌河的上游。冻融荒漠化地的面积共36.6万平方千米，占荒漠化土地思面积的13.8%。

冻融荒漠化土地主要分布在青藏高原的高海拔地区。盐渍化土地总面积为23.3万平方千米，占荒漠化总面积的8，9的。

土壤盐渍化比较集中、连片分布的地区有柴达木盆地、塔里木盆地周边绿洲以及天山北麓山前冲积平原地带、河套平原、银川平原、华北平原及黄河三角洲。

沙尘暴

沙尘暴是沙暴和尘暴两者兼有的总称，是指强风把地面大量沙尘物质吹起卷入空中，使空气特别混浊，水平能见度小于1000米的严重风沙天气现象。其中沙暴系指大风把大量沙粒吹入近地层所形成的挟沙风暴；尘暴则是大风把大量尘埃及其它细粒物质卷入高空所形成的风暴。

通过实验，专家们发现，土壤风蚀是沙尘暴发生发展的首要环节。风是土壤最直接的动力，其中气流性质、风速大小、土壤风蚀过程中风力作用的相关条件等是最重

沙尘暴

要的因素。另外土壤含水量也是影响土壤风蚀的重要原因之一。这项实验还证明，植物措施是防治沙尘暴的有效方法之一。专家认为植物通常以3种形式来影响风蚀：分散地面上一定的风动量，减少气流与沙尘之间的传递；阻止土壤、沙尘等的运动。此外，通过实验研究人员得出一条结论：沙尘暴发生不仅是特定自然环境条件下的产物，而且与人类活动有对应关系。人为过度放牧、滥伐森林植被，工矿交通建设尤其是人为过度垦荒破坏地面植被，扰动地面结构，形成大面积沙漠化土地，直接加速了沙尘暴的形成和发育。

从全球范围来看，沙尘暴天气多发生在内陆沙漠地区，源地主要有非洲的撒哈拉沙漠，北美中西部和澳大利亚也是沙尘暴天气的源地之一。1933—1937年由于严重干旱，在北美中西部就产生过著名的

戈壁滩上的沙尘暴

碗状沙尘暴。亚洲沙尘暴活动中心主要在约旦沙漠、巴格达与海湾北部沿岸之间的下美索不达米亚、阿巴斯附近的伊朗南部海滨，稗路支到阿富汗北部的平原地带。前苏联的中亚地区哈萨克斯坦、乌兹别克斯坦及土库曼斯坦都是沙尘暴频繁（≥15/年）影响区，但其中心在里海与咸海之间沙质平原及阿姆河一带。我国西北地区由于独特的地理环境，也是沙尘暴频繁发生的地区，主要源地有古尔班通古特沙漠、塔克拉玛干沙漠、巴丹吉林沙漠、腾格里沙漠、乌兰布和沙漠和毛乌素沙漠等。

93

环境污染

环境污染是指人类直接或间接地向环境排放超过其自净能力的物质或能量，从而使环境的质量降低，对人类的生存与发展、生态系统和财产造成不利影响的现象。具体包括：水污染、大气污染、噪声污染、放射性污染等。随着科学技术水平的发展和人民生活水平的提高，环境污染也在增加，特别是在发展中国家。环境污染问题越来越成为世界各个国家的共同课题之一。

工业污染

由于人们对工业高度发达的负面影响预料不够，预防不利，导致了全球性的三大危机：资源短缺、环境污染、生态破坏。人类不断的向环境排放污染物质。但由于大气、水、土壤等的扩散、稀释、氧化还原、生物降解等的作用。污染物质的浓度和毒性会自然降低，这种现象叫做"环境自净"。如果排放的物质超过了环境的自净能力，

污　染

环境质量就会发生不良变化，危害人类健康和生存，这就发生了环境污染。

环境污染源主要有以下几方面：①工厂排出的废烟、废气、废水、废渣和噪音；②人们生活中排出的废烟、废气、噪音、赃水、垃圾；③交通工具（所有的燃油车辆、轮船、飞机等）排出的废气和噪音；④大量使用化肥、杀虫剂、除草剂等化学物质的农田灌溉后流出的水；⑤矿山废水、废渣。

每一个环境污染的实例，可以说都是大自然对人类敲响的一声警钟。为了保护生态环境，为了维护人类自身和子孙后代的健康，必须积极防治环境污染。如果不保护环境，人类将面临着灭亡。

水污染

◆ **水污染**

　　1984年颁布的《中华人民共和国水污染防治法》中为"水污染"下了明确的定义，即水体因某种物质的介入，而导致其化学、物理、生物或者放射性等方面特征的改变，从而影响水的有效利用，危害人体健康或者破坏生态环境，造成水质恶化的现象称为水污染。目前，全世界每年约有4200多亿立方米的污水排入江河湖海，污染了5.5万亿立方米的淡水，这相当于全球径流总量的14%以上。

　　废水从不同角度有不同的分类方法。据不同来源分为生活废水和工业废水两大类；据污染物的化学类别又可分无机废水与有机废水；也有按工业部门或产生废水的生产工艺分类的，如焦化废水、冶金废水、制药废水、食品废水等。污染物主要有：未经处理而排放的工业废水；未经处理而排放的生活污水；大量使用化肥、农药、除草剂的农田污水；堆放在河边的工业废弃物和生活垃圾；水土流失；矿山污水。

　　日趋加剧的水污染，已对人类的生存安全构成重大威胁，成为人类健康、经济和社会可持续发展的

水污染

告诉你可怕的**自然灾害**

重大障碍。据世界权威机构调查，在发展中国家，各类疾病有8%是因为饮用了不卫生的水而传播的，每年因饮用不卫生水至少造成全球2000万人死亡，因此，水污染被称作"世界头号杀手"。

我国有82%的人饮用浅井和江河水，其中水质污染严惩细菌超过卫生标准的占75%，受到有机物污染的饮用水人口约1.6亿。长期以来，人们一直认为自来水是安全卫生的。但是，因为水污染，如今的自来水已不能算是卫生的了。一项调查显示：在全世界自来水中，测出的化学污染物有2221种之多，其中有些确认为致癌物或促癌物。从自来水的饮用标准看，我国尚处于较低水平，自来水目前仅能采用沉淀、过滤、加氯消毒等方法，将江河水或地下水简单加工成可饮用

泰晤士河污染

水。自来水加氯可有效杀除病菌，同时也会产生较多的卤代烃化合物，这些含氯有机物的含量成倍增加，是引起人类患各种胃肠癌的最大根源。

随着工业进步和社会发展，水污染亦日趋严重，成了世界性的头号环境治理难题。早在18世纪，英国由于只注重工业发展，而忽视了水资源保护，大量的工业废水废渣倾入江河，造成泰晤士河污染，已基本丧失了利用价值，从而制约了经济的发展，同时也影响到人们的健康、生存。之后经过百余年治理，投资5亿多英镑，直到20世纪70年代，泰晤士河水质才得到改善。虽然人们已经认识到污染江河湖泊等天然水资源的恶果，并着手进行治理，但毕竟已经遭受了巨大的损失，并将继续为此付出沉重的代价。

环境灾害小知识

日本水俣病事件

20世纪50年代初，在日本九州岛南部熊本县的一个叫水俣镇的地方，出现了一些患口齿不清、面部发呆、手脚发抖、神经失常的病人，这些病人经久治不愈，就会全身弯曲，悲惨死去。这个镇有4万居民，几年中先后有1万人不同程度的患有此种病状，其后附近其他地方也发现此类症状。经数年调查研究，于1956年8月由日本熊本国立大学医学院研究

报告证实，这是由于居民长期食用了八代海水俣湾中含有汞的海产品所致。

科学试验证实，人体血液中汞的安全浓度为1微克／10毫升，当到达5~10微克／10毫升时，就会出现明显中毒症状。经计算，如果一个人每天食用200克含汞0.5毫克／千克的鱼，人体所摄入的汞量恰好在此安全范围内。然而，经测定水俣湾的海产品汞的含量高达每千克几十毫克，已大大超标。此外，人们每天还要搭配其他食品，其中也可能含有一定量的汞，这样全天摄入的总量就更是大大超过安全限度标准了。

水俣病是直接由汞对海洋环境污染造成的公害，迄今已在很多地方发现类似的污染中毒事件，同时还发现其他一些重金属如镉、钴、铜、锌、铬等，以及非金属砷，它们的许多化学性质都与汞相近，这不能不引起人们的警惕，而另一种"骨痛病"的发生，经长期跟踪调查研究，最终确认这是一种重金属镉污染所致。

水俣病的遗传性也很强，孕妇吃了被甲基汞污染的海产品后，可能引起婴儿患先天性水俣病，就连一些健康者（可能是受害轻微，无明显病症）的后代也难逃恶运。许多先天性水俣病患儿，都存在运动和语言方面的障碍，其病状酷似小儿麻痹症，这说明要消除水俣病的影响绝非易事。由此，环境科学家认为沉积物中的重金属污染是环境中的一颗"定时炸弹"，当外界条件适应时，就可能导致过早爆炸。例如在缺氧的条件下，一些厌氧生物可以把无机金属甲基化。尤其近20年来大量污染物无节制的排放，已使一些港湾和近岸沉积物的吸附容量趋于饱和，随时可能引爆这颗化学污染"定时炸弹"。

◆ **大气污染**

按照国际标准化组织的定义："大气污染通常系指由于人类活动或自然过程引起某些物质进入大气中，呈现出足够的浓度，达到足够的时间，并因此危害了人体的舒适、健康和福利或环境的现象"。

凡是能使空气质量变坏的物质

废　气

都是大气污染物。大气污染物目前已知约有100多种。主要分为有害气体（二氧化碳、氮氧化物、碳氢化物、光化学烟雾和卤族元素等）及颗粒物（粉尘和酸雾、气溶胶等）。它们的主要来源是工厂排放、汽车尾气、农垦烧荒、森林失火、炊烟（包括路边烧烤）、尘土（包括建筑工地）等。大气污染物的产生有自然因素（如森林火灾、火山爆发等）和人为因素（如工业废气、生活燃煤、汽车尾气、核爆炸等）两种，且以后者为主，尤其是工业生产和交通运输所造成的。

大气污染的主要过程由污染源排放、大气传播、人与物受害这三个环节所构成。影响大气污染范围和强度的因素有污染物的性质（物理的和化学的）、污染源的性质（源强、源高、源内温度、排气速率等）、气象条件（风向、风速、温度层结等）、地表性质（地形起伏、粗糙度、地面覆盖物等）。防治方法很多，根本途径是改革生产工艺、综合利用、将污染物消灭在生产过程之中；另外，全面规划、合理布局、减少居民稠密区的污染；在高污染区，限制交通流量；选择合适厂址，设计恰当烟囱高度，减少地面污染；在最不利气象条件下，采取措施、控制污染物的排放量。

大气污染对人体的危害主要表现为呼吸道疾病；对植物可使其生理机制受压抑、成长不良、抗病虫能力减弱、甚至死亡；大气污染还能对气候产生不良影响，如降低能见度、减少太阳辐射（据资料表明，城市太阳辐射强度和紫外线强度要分别比农村减少10%-30%和10%-25%）而导致城市佝偻发病率增加；大气污染物能腐蚀物品，影响产品质量；近十几年来，不少国家发现酸雨，雨雪中酸度增高，使河湖、土壤酸化、鱼类减少甚至灭绝，森林发育受影响。

工厂废气污染

1979年11月在日内瓦举行的联合国欧洲经济委员会的环境部长会议上，通过了《控制长距离越境空气污染公约》，并于1983年生效。《公约》规定，到1993年底，缔约国必须把二氧化硫排放量削减为1980年排放量的70%。欧洲和北美（包括美国和加拿大）等32个国家都在公约上签了字。

告诉你可怕的**自然灾害**

环境灾害小知识

全球十大环境污染事件（一）

1.马斯河谷烟雾事件（1930年）

12月1日到5日，比利时马斯河谷工业区上空出现很强的逆温层，致使13个大烟囱排出的烟尘无法扩散，大量有害气体积累在近地大气层，对人体造成严重伤害。一周内有60多人丧生，其中心脏病、肺病患者死亡率最高，许多牲畜死亡。这是本世纪最早记录的公害事件。

2.洛杉矶光化学烟雾事件（1943年）

夏季，美国西海岸的洛杉矶市。该市250万辆汽车每天燃烧掉1100吨汽油。汽油燃烧后产生的碳氢化合物等在太阳紫外光线照射下引起化学反应，形成浅蓝色烟雾，使该市大多市民患了眼红、头疼病。后来人们称这种污染为光化学烟雾。1955年和1970年洛杉矶又两度发生光化学烟雾事件，前者有400多人因五官中毒、呼吸衰竭而死，后者使全市四分之三的人患病。

3. 多诺拉烟雾事件（1948年）

美国的宾夕法尼亚州多诺拉城有许多大型炼铁厂、炼锌厂和硫酸厂。1948年10月26日清晨，大雾弥漫，受反气旋和逆温控制，工厂排出的有害气体扩散不出去，全城14000人中有6000人眼痛、喉咙痛、头痛胸闷、呕吐、腹泻。17人死亡。

4.伦敦烟雾事件（1952年）

自1952年以来，伦敦发生过12次大的烟雾事件，祸首是燃煤排放的粉尘和二氧化硫。 烟雾逼迫所有飞机停飞，汽车白天开灯行驶，行人走路都困难，烟雾事件使呼吸疾病患者猛增。1952年12月那一次，5天内有4000多人死亡，两个月内又有8000多人死去。

5.水俣病事件（1953年、1956年）

日本熊本县水俣镇一家氮肥公司排放的废水中含有汞，这些废水排入海湾后经过某些生物的转化，形成甲基汞。这些汞在海水、底泥和鱼类中富集，又经过食物链使人中毒。当时，最先发病的是爱吃鱼的猫。中毒后的猫发疯痉挛，纷纷跳海自杀。没有几年，水俣地区连猫的踪影都不见了。1956年，出现了与猫的症状相似的病人。因为开始病因不清，所以用当地地名命名。1991年，日本环境厅公布的中毒病人仍有2248人，其中1004人死亡。

◆ **噪声污染**

噪声是发生体做无规则时发出的声音。从生理学观点来看，凡是干扰人们休息、学习和工作的声音，即不需要的声音，统称为"噪声"。当噪声对人及周围环境造成不良影响时，就形成噪声污染。随着近代工业的发展，环境污染也随着产生，噪声污染就是环境污染的一种，已经成为对人类的一大危害。噪声污染与水污染、大气污染被看成是世界范围内三个主要环境问题。

噪声对人体最直接的危害是听力损伤。人们在进入强噪声环境时，暴露一段时间，会感到双耳难受，甚至会出现头痛等感觉。离开噪声环境到安静的场所休息

噪声污染

一段时间，听力就会逐渐恢复正常。这种现象叫做"暂时性听阈偏移"，又称"听觉疲劳"。但是，如果人们长期在强噪声环境下工作，听觉疲劳不能得到及时恢复，且内耳器官会发生器质性病变，即形成永久性听阈偏移，又称"噪声性耳聋"。若人突然暴露于极其强烈的噪声环境中，听觉器官会发生急剧外伤，引起鼓膜破裂出血，迷路出血，螺旋器从基底膜急性剥离，可能使人耳完全失去听力，即出现暴震性耳聋。

因为噪声通过听觉器官作用于大脑中枢神经系统，以致影响到全身各个器官，故噪声除对人的听力造成损伤外，还会给人体其它系统带来危害。由于噪声的作用，会产生头痛、脑胀、耳鸣、失眠、全身疲乏无力以及记忆力减退等神经衰弱症状。长期在高噪声环境下工作的人与低噪声环境下的情况相比，高血压、动脉硬化和冠心病的发病率要高2～3倍。可见噪声会导致心血管系统疾病。噪声也可导致消化系统功能紊乱，引起消化不良、食欲不振、恶心呕吐，使肠胃病和溃疡病发病率升高。此外，噪声对视觉器官、内分泌机能及胎儿的正常发育等方面也会产生一定影响。在高噪声中工作和生活的人们，一般健康水平

工厂噪声污染

逐年下降，对疾病的抵抗力减弱，诱发一些疾病，但也和个人的体质因素有关，不可一概而论。

噪声对人的睡眠影响极大，人即使在睡眠中，听觉也要承受噪声的刺激。噪声会导致多梦、易惊醒、睡眠质量下降等，突然的噪声对睡眠的影响更为突出。噪声会干扰人的谈话、工作和学习。实验表明：当人受到突然而至的噪

声一次干扰，就要丧失4秒钟的思想集中。据统计，噪声会使劳动生产率降低10%～50%，随着噪声的增加，差错率上升。由此可见，噪声会分散人的注意力，导致反应迟钝，容易疲劳，工作效率下降，差错率上升。噪声还会掩蔽安全信号，如报警信号和车辆行驶信号等，以致造成事故。

为了防止噪音，我国著名声学

城市交通噪声污染

噪声污染

家马大猷教授曾总结和研究了国内外现有各类噪音的危害和标准，提出了三条建议：①为了保护人们的听力和身体健康，噪音的允许值在 75～90 分贝。②保障交谈和通讯联络，环境噪音的允许值在 45～60 分贝。③对于睡眠时间建议在 35～50 分贝。我国心理学界认为，控制噪音环境，除了考虑人的因素之外，还须兼顾经济和技术上的可行性。充分的噪音控制，必须考虑噪音源、传音途径、受音者所组成的整个系统。

噪音控制的内容包括：①降低

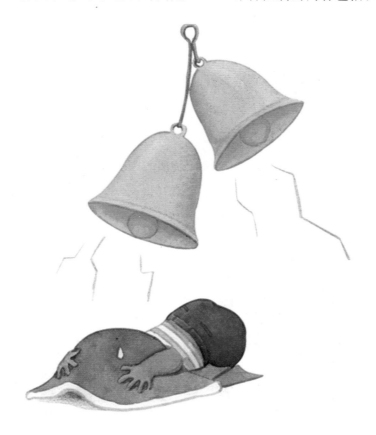

噪声污染

声源噪音，工业、交通运输业可以选用低噪音的生产设备和改进生产工艺，或者改变噪音源的运动方式（如用阻尼、隔振等措施降低固体发声体的振动）。②在传音途径上降低噪音，控制噪音的传播，改变声源已经发出的噪音传播途径，如采用吸音、隔音、音屏障、隔振等措施，以及合理规划城市和建筑布局等。③受音者或受音器官的噪音防护，在声源和传播途径上无法采取措施，或采取的声学措施仍不能达到预期效果时，就需要对受音者

或受音器官采取防护措施，如长期职业性噪音暴露的工人可以戴耳塞、耳罩或头盔等护耳器。

◆ 放射性污染

放射性元素的原子核在衰变过程放出 α、β、γ 射线的现象，俗称"放射性"。由放射性物质所造成的污染，叫放射性污染。放射性污染的来源有：原子能工业排放的放射性废物，核武器试验的沉降物以及医疗、科研排出的含有放射性物质的废水、废气、废渣等。

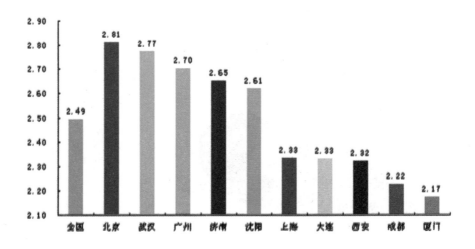

不同城市噪声污染指数

放射性废物

　　环境中的放射性核素的来源有天然性的和人为性的两种。自然环境中存在着铀、钍族元素和钾40等天然放射性物质，加上宇宙辐射线一个人每年受到大约100毫雷姆的放射性辐射称自然本底辐射。人为性的主要是核武器试验而产生的沉降物，仅1961—1962年一年之间就达337兆吨，造成了全球范围的环境污染。其他的如核燃料的开采与加工、核反应堆的泄漏、核燃料的再处理等加剧了环境的放射性污染。

　　放射性物质对人体的健康危害是很大的，一次性受到大量的放射线照射可引起死亡，如二战期间原子弹袭击使广岛、长崎成一片废墟。受到较大剂量的放射性辐射后

核电站放射性物质泄露

经一定的潜伏期可出现各种组织肿瘤或白血病。辐射线破坏机体的非特异性免疫机制，降低机体的防御能力，易并发感染、缩短寿命。此外放射性辐射还有致畸、致突变作用，在妊娠期间受到照射极易使胚胎死亡或形成畸胎。

放射性污染对人群健康的危害是很大的，因此必须加强对各种放射性"三废"的治理与排放的管理，制订放射性防护标准，加强对放射性物质的监测，以减少环境的放射性污染。此外应加强个人防护，尽量远离放射源，必要时穿防护服。

防护服

原子弹爆炸后的广岛尸体

环境灾害小知识

全球十大环境污染事件（二）

6. 骨痛病事件（1955年、1972年）

镉是人体不需要的元素。日本富山县的一些铅锌矿在采矿和冶炼中排放废水，废水在河流中积累了重金属"镉"。人长期饮用这样的河水，食用浇灌含镉河水生产的稻谷，就会得"骨痛病"。病人骨骼严重畸形、剧痛，身长缩短，骨脆易折。

7. 日本米糠油事件（1968年）

先是几十万只鸡吃了有毒饲料后死亡。人们没深究毒的来源，继而在北九州一带有13000多人受害。这些鸡和人都是吃了含有多氯联苯的米糠油而遭难的。病人开始眼皮发肿，手掌出汗，全身起红疙瘩，接着肝功能下降，全身肌肉疼痛，咳嗽不止。这次事件曾使整个西日本陷入恐慌中。

8. 印度博帕尔事件（1984年）

12月3日，美国联合碳化公司在印度博帕尔市的农药厂因管理混乱，操作不当，致使地下储罐内剧毒的甲基异氰酸脂因压力升高而爆炸外泄。死亡近两万人，受害20多万人，5万人失明，孕妇流产或产下死婴，受害面积40平方千米，数千头牲畜被毒死。

9. 切尔诺贝利核泄露事件（1986年）

4月26日，位于乌克兰基辅市郊的切尔诺贝利核电站，由于管理不善和操作失误，4号反应堆爆炸起火，致使大量放射性物质泄漏。西欧各国及世界大部分地区都测到了核电站泄漏出的放射性物质。31人死亡，237人受到严重放射性伤害。这次核污染飘尘给邻国也带来严重灾难。这是世界上最严重的一次核污染。

10. 剧毒物污染莱茵河事件（1986年）

11月1日，瑞士巴塞尔市桑多兹化工厂仓库失火，近30吨剧毒的硫化物、磷化物与含有水银的化工产品随灭火剂和水流入莱茵河。顺流而下150千米内，60多万条鱼被毒死，500千米以内河岸两侧的井水不能饮用，靠近河边的自来水厂关闭，啤酒厂停产。有毒物沉积在河底，将使莱茵河因此而"死亡"20年。

◆ **光污染**

光污染问题最早于二十世纪三十年代由国际天文界提出，他们认为光污染是城市室外照明使天空发亮造成对天文观测的负面的影响。后来英美等国称之为"干扰光"，在日本则称为"光害"。现在一般认为，光污染泛指影响自然环境，对人类正常生活、工作、休息和娱乐带来不利影响，损害人们观察物体的能力，引起人体不舒适感和损害人体健康的各种光。从波长十纳米至一毫米的光辐射，即紫外辐射，可见光和红外辐射，在不同的条件下都可能成为光污染源。

国际上一般将光污染分成三类，即白亮污染、人工白昼和彩光污染。白亮污染是指当太阳光照射强烈时，城市里建筑物的玻璃幕墙、釉面砖墙、磨光大理石和各种涂料等装饰反射光线，明晃白亮、眩眼夺目。专家研究发现，长时间

在白色光亮污染环境下工作和生活的人，视网膜和虹膜都会受到程度不同的损害，视力急剧下降，白内障的发病率高达45%。还使人头昏心烦，甚至发生失眠、食欲下降、情绪低落、身体乏力等类似神经衰弱的症状。

人工白昼是指夜幕降临后，商场、酒店上的广告灯、霓虹灯闪烁夺目，令人眼花缭乱。有些强光束甚至直冲云霄，使得夜晚如同白天一样，即所谓人工白昼。在这样的"不夜城"里，夜晚难以入睡，扰乱人体正常的生物钟，导致白天工作效率低下。人工白昼还会伤害鸟类和昆虫，强光可能破坏昆虫在夜间的正常繁殖过程。彩光污染是指舞厅、夜总会安装的黑光灯、旋转灯、荧光灯以及闪烁的彩色光源构成了彩光污染。据测定，黑光灯所产生的紫外线强度大大高于太阳光中的紫外线，且对人体有害影响持续时间长。人如果长期接受这种照射，可诱发流鼻血、脱牙、白内

耀眼的灯光影响周围的建筑

卡尔加利人工白昼

障，甚至导致白血病和其他癌变。彩色光源让人眼花缭乱，不仅对眼睛不利，而且干扰大脑中枢神经，使人感到头晕目眩，出现恶心呕吐、失眠等症状。科学家最新研究表明：彩光污染不仅有损人的生理功能，而且对人的心理也有影响。

据美国一份最新的调查研究显示：夜晚的华灯造成的光污染已使世界上五分之一的人对银河系视而不见。这份调查报告的作者之一埃尔维奇说："许多人已经失去了夜空，而正是我们的灯火使夜空失色"。他认为，现在世界上约有三分之二的人生活在光污染里。随着城市建设的发展和科学技术的进步，日常生活中的建筑和室内装修采用镜面、瓷砖和白粉墙日益增多，近距离读写使用的书簿纸张越来越光滑，人们几乎把自己置身

墨尔本人工白昼

于一个"强光弱色"的"人造视环境"中。

目前，很少有人认识到光污染的危害。据科学测定：一般白粉墙的光反射系数为69%~80%，镜面玻璃的光反射系数为82%~88%，特别光滑的粉墙和洁白的书簿纸张的光反射系数高达90%，比草地、森林或毛面装饰物面高10倍左右，这个数值大大超过了人体所能承受的生理适应范围，构成了现代新的污染源。经研究表明：噪光污染可对人眼的角膜和虹膜造成伤害，抑制视网膜感光细胞功能的发挥，引起视疲劳和视力下降。视觉环境已经严重威胁到人类的健康生活和工作效率，每年给人们造成大量损失。为此，关注视觉污染、改善视觉环境，已经刻不容缓。

彩光污染

◆ **土壤污染**

土壤是指陆地表面具有肥力、能够生长植物的疏松表层，其厚度一般在2米左右。土壤不但为植物生长提供机械支撑能力，并能为植物生长发育提供所需要的水、肥、气、热等肥力要素。近年来，由于人口急剧增长，工业迅猛发展，固体废物不断向土壤表面堆放和倾倒，有害废水不断向土壤中渗透，大气中的有害气体及飘尘也不断随雨水降落在土壤中，导致了土壤污染。凡是妨碍土壤正常功能，降低作物产量和质量，还通过粮食、蔬菜、水果等间接影响人体健康的物质，都叫做土壤污染物。

土壤污染物的来源广、种类多，大致可分为无机污染物和有机

土壤污染

净能力，就会引起土壤的组成、结构和功能发生变化，微生物活动受到抑制，有害物质或其分解产物在土壤中逐渐积累，通过"土壤→植物→人体"，或通过"土壤→水→人体"间接被人体吸收，危害人体健康。

为了控制和消除土壤的污染，首先要控制和消除土壤污染源，加强对工业"三废"的治理，合理施用化肥和农药。同时还要采取防治措施，如针对土壤污染物的种类，种植有较强吸收力的植物，降低有毒物质的含量（例如羊齿类铁角蕨属的植物能吸收土壤中的重金属）；或通过生物降解净化土壤（例如蚯蚓能降解农药、重金属等）；或施加抑制剂改变污染物质在土壤中的迁移转化方向，减少作物的吸收（例如施用石灰），提高土壤的pH，促

污染物两大类。无机污染物主要包括酸、碱、重金属（铜、汞、铬、镉、镍、铅等）盐类、放射性元素铯、锶的化合物、含砷、硒、氟的化合物等；有机污染物主要包括有机农药、酚类、氰化物、石油、合成洗涤剂、由城市污水、污泥及厩肥带来的有害微生物等。当土壤中含有害物质过多，超过土壤的自

城市污水

使镉、汞、铜、锌等形成氢氧化物沉淀。此外，还可以通过增施有机肥、改变耕作制度、换土、深翻等手段，治理土壤污染。

土壤污染除导致土壤质量下降、农作物产量和品质下降外，更为严重的是土壤对污染物具有富集作用，一些毒性大的污染物，如汞、镉等富集到作物果实中，人或牲畜食用后发生中毒。如我国辽宁沈阳张士灌区由于长期引用工业废水灌溉，导致土壤和稻米中重金属镉含量超标，人畜不能食用。土壤不能再作为耕地，只能改作他用。

具有生理毒性的物质或过量的植物营养元素进入土壤能引起土壤性质恶化和植物生理功能失调的现象。土壤处于陆地生态系统中的无

机界和生物界的中心，不仅在本系统内进行着能量和物质的循环，而且与水域、大气和生物之间也不断进行物质交换，一旦发生污染，三者之间就会有污染物质的相互传递。作物从土壤中吸收和积累的污染物常通过食物链传递而影响人体健康。

◆ 酸 雨

被大气中存在的酸性气体污染，pH值小于5.65的降水叫酸雨。酸雨主要是人为地向大气中排放大量酸性物质造成的。我国的酸雨主要是因大量燃烧含硫量高的煤而形成的，此外，各种机动车排放的尾气也是形成酸雨的重要原因。近年来，我国一些地区已经成为酸雨多发区，酸雨污染的范围和程度已经引起人们的密切关注。

我国三大酸雨区包括（我国酸雨主要是硫酸型）：西南酸雨区、

酸雨腐蚀

华中酸雨区和华东沿海酸雨区。华中酸雨区目前已成为全国酸雨污染范围最大，中心强度最高的酸雨污染区；西南酸雨区是仅次于华中酸雨区的降水污染严重区域。华东沿海酸雨区的污染强度低于华中、西南酸雨区。

近代工业革命，从蒸汽机开始，锅炉烧煤，产生蒸汽，推动机器；而后火力电厂星罗齐布，燃煤数量日益猛增。遗憾地是，煤含杂质硫，约百分之一，在燃烧中将排放酸性气体 SO_2；燃烧产生的高温尚能促使助燃的空气发生部分化学变化，氧气与氮气化合，也排放酸性气体 NO_x。它们在高空中为雨雪冲刷、溶解，雨成为了酸雨；这些酸性气体成为雨水中杂质硫酸根、硝酸根和铵离子。1872年英国科学

酸雨腐蚀后的森林

家史密斯分析了伦顿市雨水成份，发现它呈酸性，且农村雨水中含碳酸铵，酸性不大；郊区雨水含硫酸铵，略呈酸性；市区雨水含硫酸或酸性的硫酸盐，呈酸性。于是史密斯首先在他的著作《空气和降雨：化学气候学的开端》中提出"酸雨"这一专有名词。

酸雨的成因是一种复杂的大气化学和大气物理的现象。酸雨中含

告诉你可怕的 **自然灾害**

酸雨毁掉的森林

应，形成硫酸雨滴和硝酸雨滴；又经过"云下冲刷过程"，即含酸雨滴在下降过程中不断合并吸附、冲刷其他含酸雨滴和含酸气体，形成较大雨滴，最后降落在地面上，形成了酸雨。由于我国多燃煤，所以的酸雨是硫酸型酸雨。而多燃石油的国家下硝酸雨。

硫和氮是营养元素。弱酸性降水可溶解地面中矿物质，供植物吸收。如酸度过高，

有多种无机酸和有机酸，绝大部分是硫酸和硝酸。工业生产、民用生活燃烧煤炭排放出来的二氧化硫，燃烧石油以及汽车尾气排放出来的氮氧化物，经过"云内成雨过程"，即水汽凝结在硫酸根、硝酸根等凝结核上，发生液相氧化反

pH值降到5.6以下时，就会产生严重危害。它可以直接使大片森林死亡，农作物枯萎；也会抑制土壤中有机物的分解和氮的固定，淋洗与土壤离子结合的钙、镁、钾等营养元素，使土壤贫瘠化；还可使湖泊、河流酸化，并溶解土壤和水体

酸雨腐蚀的树木 ▶

▲　被酸雨腐蚀的德国石雕像

125

底泥中的重金属进入水中，毒害鱼类；加速建筑物和文物古迹的腐蚀和风化过程；可能危及人体健康。

◆ **光化学烟雾**

汽车、工厂等污染源排入大气的碳氢化合物（CH）和氮氧化物（NOx）等一次污染物，在阳光的作用下发生化学反应，生成臭氧（O_3）、醛、酮、酸、过氧乙酰硝酸酯（PAN）等二次污染物，参与光化学反应过程的一次污染物和二次污染物的混合物所形成的烟雾污染现象叫做光化学烟雾。光化学烟雾主要发生在阳光强烈的夏、秋季节。这种光化学烟雾可随气流飘移数百千米，使远离城市的农村庄稼也受到损害。20世纪40年代之后，随着全球工业和汽车业的迅猛发展，光化学烟雾污染在世界各地不断出现，如美国洛杉矶、日本东京、大阪、英国伦敦、澳大利亚、德国等大城市及中国北京、南宁、兰州均发生过光化学烟雾现象。鉴于光化学烟雾的频繁发生及其造成危害巨大，如何控制其形成已成为令人注目的研究课题。

光化学烟雾的成分非常复杂，但是对人类、动植物和材料有害的主要是臭氧、PAN和丙烯醛、甲醛等二次污染物。臭氧、PAN等还能造成橡胶制品的老化、脆裂，使染料褪色，并损害油漆涂料、纺织纤维和塑料制品等。臭氧是一种强氧化剂，在0.1ppm浓度时就具有特殊的臭味。并可达到呼吸系统的深层，刺激下气道黏膜，引起化学变化，其作用相当于放射线，使染色体异常，使红血球老化。PAN、甲醛、丙烯醛等产物对人和动物的眼睛、咽喉、鼻子等有刺激作用，其刺激域约为0.1ppm。此外光化学烟雾能促使哮喘病患者哮喘发作，能引起慢性呼吸系统疾病恶化、呼吸障碍、损害肺部功能等症状，长期吸入氧化剂能降低人体细胞的新陈

汽车尾气排放

代谢，加速人的衰老。PAN 还是造成皮肤癌的可能试剂。在1943年美国洛杉矶发生的首宗事件曾引起400多人死亡。

光化学烟雾明显的危害是对人眼睛的刺激作用。在美国加利福尼亚州，由于光化学烟雾的作用，曾使该州3/4的人发生红眼病。日本东京1970年发生光化学烟雾时期，有2万人患了红眼病。研究表明光化学烟雾中的过氧乙酰硝酸酯（PAN）是一种极强的催泪剂，其催泪作用相当于甲醛的200倍。另一种眼睛强刺激剂是过氧苯酰硝酸酯（PBN），它对眼的刺激作用比PAN大约强100倍。空气中的飘尘在眼刺激剂作用方面能起到把浓缩眼刺激剂送入眼中的作用。

预防光化学烟雾主要是控制污染源、减少氮氧化物和碳氢化合物的排放。NO的主要来源是燃煤，近70%来自于煤炭的直接燃

127

光化学烟雾

光化学烟雾

烧，可见固定源是NO排放的重要来源。NO和碳氢化合物的另一个重要来源是机动车尾气的排放。当燃料在发动机汽缸里进行燃烧时，由于内燃机所用的燃料中含有碳、氢、氧之外的杂质，使得内燃机的燃烧不完全，排放的尾气中含有一定量的CO、碳氢化合物、NO、微粒物质和臭气（甲醛、丙烯醛等）。碳氢化合物成分复杂，含有强致癌物质。因此控制机动车尾气排放对于预防光化学烟雾有很大的积极作用。

◆ **黄河之黄**

　　黄河流域自古是我们中华民族的摇篮，也是世界古代文化发祥地之一。作为中华民族的摇篮和母亲河，黄河不仅传承着几千年的历史文明，而且也养育着祖国8.7%的人口（据2000年资料统计）。然而，目前黄河的生态危机正在日益加剧，并面临着土地荒漠化，水资源短缺，水土流失面积增大，水污染严重，断流加剧，生存环境恶化等诸多问题交织的严峻形势，给流域人民乃至整个国家都发出了严重的警示。

　　"九曲黄河万里沙，黄河危害在泥沙"。作为世界上输沙量最大的河流，黄河每年向下游的输沙量达16亿吨，如果堆成宽、高各1米的土堆，可以绕地球27圈多。这些泥沙80%来自黄河中游的黄土高原。总面积约64万平方千米的黄

黄河污染

黄河污染

土高原，是世界上面积最大的黄土覆盖区。由于该区气候干旱，暴雨集中，植被稀疏，土壤抗蚀性差，加之长期以来乱垦滥伐等人为的破坏，是导致黄土高原成为我国水土流失最严重地区的重要原因。据有关资料显示，黄土高原地区的水土流失面积达45万平方千米，占总面积的70.9％，是我国乃至全世界水土流失最严重的地区。而1500多年前的黄河中游也曾"临广泽而带清流"，森林茂密，群羊塞道。正是人类掠夺性的开发掠去了植被，带来了风沙，使水土流失把黄土高原刻画得满目疮痍。

黄土高原水土流失最严重、生态环境最脆弱的特点就在于：一是水土流失面积广，全区普遍存在水土流失现象；二是流失程度严重，有大小沟道27万多条；三是流失量大（黄河水的含沙量为多年平均35千克每立方米，居世界之首）；四是水土流失类型复杂，治理难度大。

为了黄河生态的安全，为了沿黄人民的富裕安康，近年来，黄河水利委员会又明确提出了以1493科学理论框架为指导，全力建设"三条黄河"，认真践行治河新理念，当好黄河代言人的伟大构想。并通过实施黄河源区生态修复、风沙区生态建设、河套灌区取水制度改革、黄土高原淤地坝建设及综合治理，逐步减少入黄"粗泥沙"，构筑第一道防线；积极开展黄河小北干流放淤试验，实现"淤粗沙排细沙"，构筑第二道防线；经常性进行小浪底水库调水调沙试验，充分利用水库拦沙库容，实现"拦粗沙泄细沙"，构筑第三道防线的战略措施来"维持黄河健康生命"。我们有理由相信，在不远的将来，黄

黄河污染

河的生态将会改变，黄河的明天会更好。所以，我们大家应该在自己能力所在的范围内保护它。

温室效应

温室效应，又称"花房效应"，是大气保温效应的俗称。大气能使太阳短波辐射到达地面，但地表向外放出的长波热辐射线却被大气吸收，这样就使地表与低层大气温度增高，因其作用类似于栽培农作物的温室，故名温室效应。如果大气不存在这种效应，那么地表温度将会下降约3度或更多。反之，若温室效应不断加强，全球温度也必将逐年持续升高。自工业革命以来，人类向大气中排入的二氧化碳等吸热性强的温室气体逐年增加，大气的温室效应也随之增强，已引起全球气候变暖等一系列严重问题，引起了全世界各国的关注。

温室效应不断加强可能带来的问题有：地球上的病虫害增加；海平面上升；气候反常，海洋风暴增多；土地干旱、沙漠化面积增大。科学家预测：如果地球表面温度的升高按现在的速度继续发展，到2050年全球温度将上升2℃～4℃，南北极地冰山将大幅度融化，导致海平面大大上升，一些岛屿国家和沿海城市将淹于水中，其中包括几个著名的国际大城市：纽约、上海、东京和悉尼。

美国科学家近日发出警告，由于全球气温上升令北极冰层溶化，被冰封十几万年的史前致命病毒可能会重见天日，导致全球陷入疫症

温室效应致使北极冰川融化

恐慌，人类生命受到严重威胁。这项新发现令研究员相信，一系列的流行性感冒、小儿麻痹症和天花等疫症病毒可能藏在冰块深处，目前人类对这些原始病毒没有抵抗能力，当全球气温上升令冰层溶化时，这些埋藏在冰层千年或更长的病毒便可能会复活，形成疫症。科学家表示，虽然他们不知道这些病毒的生存希望，或者其再次适应地面环境的机会，但肯定不能抹煞病毒卷土重来的可能性。

温室效应主要是由于现代化工业社会过多燃烧煤炭、石油和天然气，这些燃料燃烧后放出大量的二氧化碳气体进入大气造成的。人类活动和大自然还排放其他温室气体，它们是：氯氟烃、甲烷、低空臭氧和氮氧化物气体。地球上可以吸收大量二氧化碳的是海洋中的浮

告诉你可怕的 **自然灾害**

海平面上升

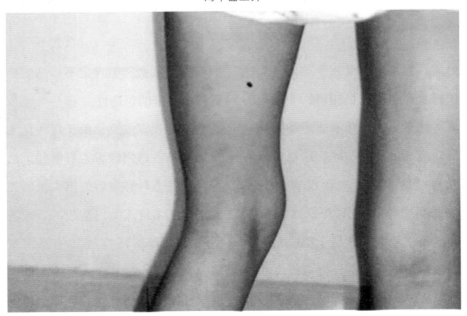

小儿麻痹症

游生物和陆地上的森林，尤其是热带雨林。为减少大气中过多的二氧化碳，一方面需要人们尽量节约用电（因为发电烧煤），少开汽车；另一方面保护好森林和海洋，比如不乱砍滥伐森林，不让海洋受到污染以保护浮游生物的生存。我们还可以通过植树造林，减少使用一次性方便木筷，节约纸张（造纸用木材），不践踏草坪等等行动来保护绿色植物，使它们多吸收二氧化碳来帮助减缓温室效应。

可怕的温室效应

臭氧层空洞

臭氧层是大气平流层中臭氧浓度最大处，是地球的一个保护层，太阳紫外线辐射大部分被其吸收。臭氧层空洞是大气平流层中臭氧浓度大量减少的空域。臭氧层的臭氧浓度减少，使得太阳对地球表面的紫外辐射量增加，对生态环境产生破坏作用，影响人类和其他生物有机体的正常生存。

20世纪70年代，当时英国的科

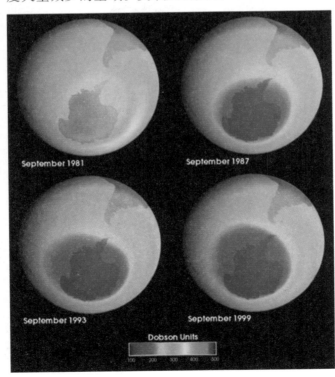

臭氧层空洞

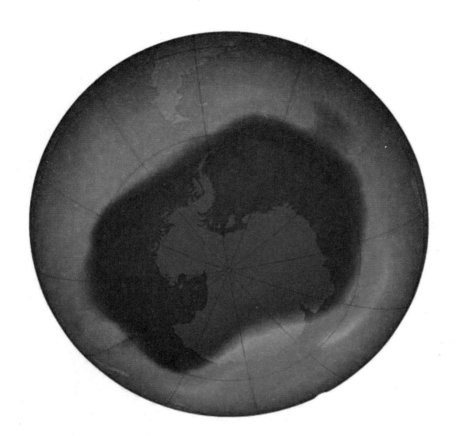

南极上空的臭氧洞

学家通过观测首先发现，在地球南极上空的大气层中，臭氧的含量开始逐渐减少，尤其在每年的9～10月（这时相当于南半球的春季）减少更为明显。美国的"云雨7号"卫星进一步探测表明，臭氧减少的区域位于南极上空，呈椭圆形，1985年已和美国整个国土面积相似。这一切就好像天空塌陷了一块似的，科学家把这个现象称为南极臭氧洞。南极臭氧洞的发现使人们深感不安，它表明包围在地球外的臭氧层已经处于危机之中。于是科学家在南极设立了研究中心，进一

步研究臭氧层的破坏情况。1989年，科学家又赴北极进行考察研究，结果发现北极上空的臭氧层也已遭到严重破坏，但程度比南极要轻一些。

臭氧层为什么会出现"空洞"？许多科学家认为，是使用氟利昂作制冷剂及在其他方面使用的结果。氟利昂由碳、氯、氟组成，其中的氯离子释放出来进入大气后，能反复破坏臭氧分子，自己仍保持原状，因此尽管其量甚微，也能使臭氧分子减少到形成"空洞"。我国科学家新近提出，仅仅是氟利昂的作用还不够，太阳风射来的粒子流在地磁场的作用下向地磁两极集中，并破坏了那里的臭氧分子，这才是主要原因。而无论如何，人为地将氯离子送进大气，终是一种有害行为。

氟利昂

十多年来，经科学家研究：大气中的臭氧每减少1％，照射到地面的紫外线就增加2％，人患皮肤癌的几率就增加3％，还受到白内障、免疫系统缺陷和发育停滞等疾病的袭击。现在居住在距南极洲较近的智利南端海伦娜岬角的居民已尝到苦头，只要走出家门，就要在衣服遮不住的皮肤上涂防晒油，戴上太阳镜，否则半小时后，皮肤就晒成鲜艳的粉红色，并伴有痒痛。

羊群则多患白内障，几乎全盲。据说那里的兔子眼睛全瞎，猎人可以轻易地拎起兔子耳朵带回家去，河里捕到的鲜鱼也都是盲鱼。推而广之，若臭氧层全部遭到破坏，太阳紫外线就会杀死所有陆地生命，人类也遭到"灭顶之灾"，地球将会成为无任何生命的不毛之地。可见，臭氧层空洞已威胁到人类的生存了。

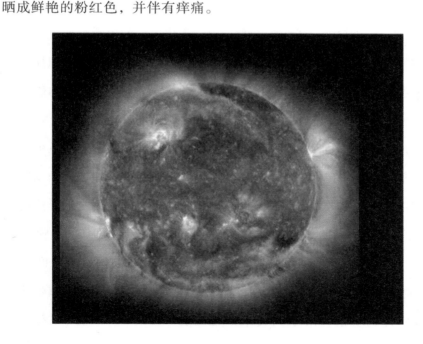

太阳紫外线

生物多样性的减少

生物多样性是指一定范围内多种多样活的有机体（动物、植物、微生物）有规律地结合所构成稳定的生态综合体。这种多样包括动物、植物、微生物的物种多样性，物种的遗传与变异的多样性及生态系统的多样性。其中，物种的多样性是生物多样性的关键，它既体现了生物之间及环境之间的复杂关系，又体现了生物资源的丰富性；遗传（基因）多样性是指生物体内决定性状的遗传因子及其组合的多样性；生态系统多样性是指生物圈内生境、生物群落和生态过程的多样性。

生物多样性的意义主要体现在生物多样性的价值。对于人类来说，生物多样性具有直接使用价值、间接使用价值和潜在使用价值。

（1）直接价值：生物为人类提供了食物、纤维、建筑和家具材料及其他工业原料。生物多样性还有美学价值，可以陶冶人们的情操，美化人们的生活。如果大千世界里没有色彩纷呈的植物和神态各异的动物，人们的旅游和休憩也就索然寡味了。正是雄伟秀丽的名山大川与五颜六色的花鸟鱼虫相配合，才构成令人赏心悦目、流连忘返的美景。另外，生物多样性还能激发人们文学艺术创作的灵感。

（2）间接使用价值：间接使用价值指生物多样性具有重要的生态功能。无论哪一种生态系统，野生生物都是其中不可缺少的组成成

大熊猫

分。在生态系统中，野生生物之间具有相互依存和相互制约的关系，它们共同维系着生态系统的结构和功能。野生生物一旦减少了，生态系统的稳定性就要遭到破坏，人类的生存环境也就要受到影响。

（3）潜在使用价值：就药用来说，发展中国家人口的80%依赖植物或动物提供的传统药物，以保证基本的健康，西方医药中使用的药物有40%含有最初在野生植物中

发现的物质。例如，据近期的调查，中医使用的植物药材达1万种以上。野生生物种类繁多，人类对它们已经做过比较充分研究的只是极少数，大量野生生物的使用价值目前还不清楚。但是可以肯定，这些野生生物具有巨大的潜在使用价值。一种野生生物一旦从地球上消失就无法再生，它的各种潜在使用价值也就不复存在了。因此，对于目前尚不清楚其潜在使用价值的野

藏羚羊

生生物，同样应当珍惜和保护。

据联合国环境规划署估计，全球大约有500万种到3000万种生物，目前人类描述过的生物大约有140多万种，利用的仅150种左右。人类食物的90%来自被驯化和培育的20种动植物。生物资源是人类财富的巨大宝库。但是，目前由于人类过度砍伐森林特别是热带雨林，致使生物的生境丧失，再加之生物资源的过度开发、环境污染、全球气候变化以及工业、农业的影响，生物种类正在急剧减少，现在每天以100多种到200多种的速度消失。据专家估计，在今后的20～30年中将有1/4的物种消失，这对人类生存和发展构成巨大的潜在威胁。

环境灾害小知识

自然报复人类的五次灾难

1. 北美黑风暴

1934年5月11日凌晨，美国西部草原地区发生了一场人类历史上空前未有的黑色风暴。风暴整整刮了3天3夜，形成一个东西长2400千米，南北宽1440千米，高3400米的迅速移动的巨大黑色风暴带。风暴所经之处，溪水断流，水井干涸，田地龟裂，庄稼枯萎，牲畜渴死，千万人流离失所。

2. 孟加拉国特大水灾

1987年7月，孟加拉国经历了有史以来最大的一次水灾。连日的暴雨，狂风肆虐，这突如其来的天灾，使毫无任何准备的居民不知所措。短短两个月间，孟加拉国64个县中有47个县受到洪水和暴雨的袭击，造成2000多人死亡，2.5万头牲畜淹死，200多万吨粮食被毁，两万千米道路及772座桥梁和涵洞被冲毁，千万间房屋倒塌，大片农作物受损，受灾人数达2000万人。

3. 印度鼠疫大流行

1994年9、10月间，印度遭受了一场致命的瘟疫。起初医生并不知道病人患的是鼠疫。但接二连三有人死亡，又传来马哈什特拉附近的拉杜尔流行鼠疫的消息，这才意识到一场灾难已经降临。一时间，火车

站、汽车站都挤满了成千上万的逃难者。30万苏拉特市民逃印度的四面八方，同时也将鼠疫和这种恐惧的心理带到了全国各地。鼠疫的流行，引起人们的极度恐慌。许多国家中止了同印度的各项往来。这对印度来说，经济方面的损失是难以估计的。

4. 喀麦隆湖底毒气

1986年8月21日晚，位于非洲喀麦隆西北部，距首都雅温得400千米的帕梅塔高原上的一个火山湖——尼奥斯火山湖，突然从湖底喷发出大量的有毒气体，沿着山的北坡倾泻而下，向处于低谷地带的几个村庄袭去。据不完全统计，在这场灾祸中，至少有1740人被毒气夺去了生命，大量的牲畜丧生，加姆尼奥村靠火山湖最近，受灾也最为严重。全村650名居民中，仅有6人幸存。

5. 伦敦大烟雾

1952年12月5日伦敦气象台的风速表测出了一个非常奇怪的量度——风速读数完全是静止的。据当时专家的估计，此时风速不超过每小时3千米。伦敦处于死风状态，空气中积聚着大量的烟尘，经久不散，风太弱又无法带走林立的工厂烟囱与家庭排出的各种有害的烟尘。烟雾使数千受害者患了支气管炎、气喘和其他影响肺部的疾病。最后，到12月10日烟雾散去时，估计已有4000人死亡，其中多数是年长者。

第四章

瘟疫与传染病

　　瘟疫是由于一些强烈致病性微生物，如细菌、病毒引起的传染病。一般是自然灾害后，环境卫生不好引起的。在我国史料中，关于温疫，很早便有记载。现存最早的中医古籍《黄帝内经》指出温疫具有传染性、流行性、临床表现相似、发病与气候有关等特点。东汉时，张仲景在其著作《伤寒杂病论》中指出伤寒，除了指外感热病外，还包括了当时的烈性传染病，可见当时温疫非常流行。明朝时，医家吴又可在前人有关论述的基础上，对温疫进行深入细致的观察、探讨其所著的《温疫论》是我国论述温疫的专著，对温疫进行了详细的论述。《温疫论》是我国医学文献中论述急性传染病的一部划时代著作，至今仍可用来指导临床，具有重要的历史意义与现实意义。由此可见，中医药学在与温疫长期的斗争过程中积累了丰富的经验，我们应该充分发挥中医药治疗急性传染病的作用。

　　传染病是由各种病原体引起的能在人与人、动物与动物或人与动物之间相互传播的一类疾病。病原体中大部分是微生物，小部分为寄生虫，寄生虫引起者又称寄生虫病。有些传染病，防疫部门必须及时掌握其发病情况，及时采取对策，因此发现后应按规定时间及时向当地防疫部门报告，称为法定传染病。中国目前的法定传染病有甲、乙、丙3类，共38种。在这一章里，我们就来详细讲述一下历史上曾经流行的这些瘟疫。

鼠　疫

鼠疫是由鼠疫杆菌引起的自然疫源性烈性传染病，也叫做黑死病。临床主要表现为高热、淋巴结肿痛、出血倾向、肺部特殊炎症等。鼠疫远在2000年前就有记载。世界上曾发生三次大流行，第一次发生在公元6世纪，从地中海地区传入欧洲，死亡近1亿人；第二次发生在14世纪，波及欧、亚、非；

第三次是18世纪，传播32个国家。14世纪大流行时波及我国。

鼠疫为典型的自然疫源性疾病，在人间流行前，一般先在鼠间流行。鼠间鼠疫传染源（储存宿主）有野鼠、地鼠、狐、狼、猫、豹等，其中黄鼠属和旱獭属最重要。家鼠中的黄胸鼠、褐家鼠和黑家鼠是人间鼠疫重要传染源。当

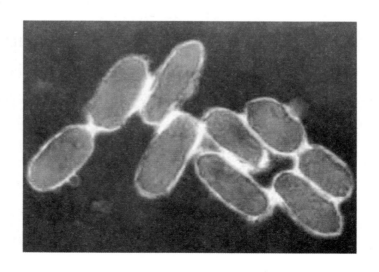

鼠疫杆菌

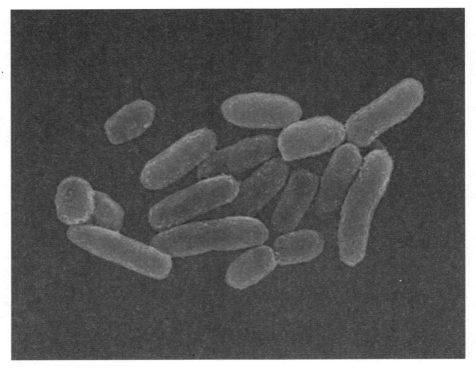

鼠疫杆菌

每公顷地区发现1至1.5只以上的鼠疫死鼠，该地区又有居民点的话，此地爆发人间鼠疫的危险极高。各型患者均可成为传染源，因肺鼠疫可通过飞沫传播，故鼠疫传染源以肺型鼠疫最为重要。败血性鼠疫早期的血有传染性。腺鼠疫仅在脓肿破溃后或被蚤吸血时才起传染源作用。三种鼠疫类型可相互发展为对方型。

动物和人间鼠疫的传播主要以鼠蚤为媒介。当鼠蚤吸取含病菌的鼠血后，细菌在蚤胃大量繁殖，形成菌栓堵塞前胃，当蚤再吸入血时，病菌随吸进之血反吐，注入动物或人体内。蚤粪也含有鼠疫杆菌，可因搔痒进入皮内。此种"鼠→蚤→人"的传播方式是鼠疫的主要传播方式。少数可因直播接触病人的痰液、脓液或病兽的皮、血、肉经破损皮肤或粘膜受染。肺鼠疫患者可借飞沫传播，造成人间肺鼠疫大流行。人群易感性人群对鼠疫普遍易感，无性别年龄差别。病后可获持久免疫力。预防接种可获一定免疫力。

鼠疫一般能潜伏2～5日，腺鼠疫或败血型鼠疫能潜伏2～7天；原发性肺鼠疫能潜伏1～3天，甚至短仅数小时；曾预防接种者，可长至

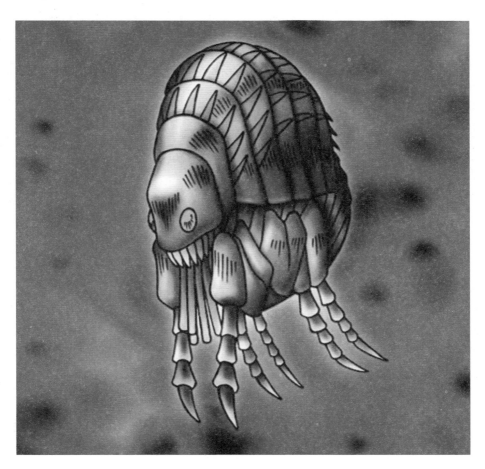

跳　蚤

12天。临床上，鼠疫有腺型、肺型、败血型及轻型等四型，除轻型外，各型初期的全身中毒症状大致相同。

（1）腺鼠疫：腺鼠疫患者除全身中毒症状外，以急性淋巴结炎为特征。因下肢被蚤咬机会较多，故腹股沟淋巴结炎最多见，约占70%；其次为腋下，颈及颌下。也可几个部位淋巴结同时受累。局部淋巴结起病即肿痛，病后第2～3天症状迅速加剧，红、肿、热、痛并与周围组织粘连成块，剧烈触痛，病人处于强迫体位。4～5日后淋巴结化脓溃破，随之病情缓解。部分可发展成败血症、严重毒血症及心力衰竭或肺鼠疫而死；用抗生素治疗后，病死率可降至5%～10%。

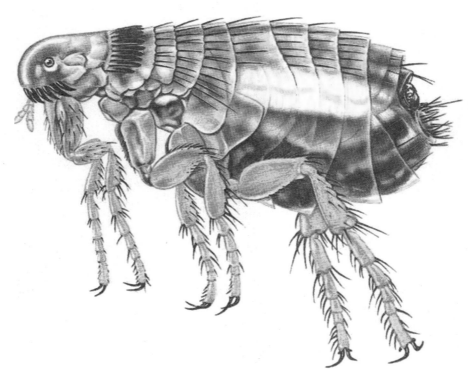

跳 蚤

（2）肺鼠疫：肺鼠疫是最严重的一型，病死率极高。该型起病急骤，发展迅速，除严重中毒症状外，在起病24～36小时内出现剧烈胸痛、咳嗽、咯大量泡沫血痰或鲜红色痰；呼吸急促，并迅速呈现呼吸困难和紫绀；肺部可闻及少量散在湿罗音、可出现胸膜摩擦音；胸部X线呈支气管炎表现，与病情严重程度极不一致。如抢救不及时，多于2～3日内，因心力衰竭，出血而死亡。

（3）败血型鼠疫：败血型鼠疫又称暴发型鼠疫。可原发或继发。原发型鼠疫因免疫功能差、菌量多、毒力强，所以发展极速。常突然高热或体温不升，神志不清，谵妄或昏迷。无淋巴结肿。皮肤粘膜出血、鼻衄、呕吐、便血或血尿、DIC和心力衰竭，多在发病后24小时内死亡，很少超过3天。病死率高达100%。因皮肤广泛出血、瘀斑、紫绀、坏死，故死后尸体呈紫黑色，俗称"黑死病"。继发性败血型鼠疫，可由肺鼠疫、腺鼠疫发展而来，症状轻重不一。

（4）轻型鼠疫：轻型鼠疫又称小鼠疫，发热轻，患者可照常工

因鼠疫而丧生的人

作，局部淋巴结肿大，轻度压痛，偶见化脓。血培养可阳性。多见于流行初、末期或预防接种者。

人感染鼠疫杆菌后，经过较短的潜伏期（一般为2~3天，个别病例可以达到8~9天）后突然发病，表现为高热，白细胞剧增；24小时内病情迅速恶化，伴有局部急性

鼠疫

淋巴结炎，肿胀，剧烈疼痛，出现强迫体位；严重菌毒血症，休克；咳嗽、胸痛，咯痰带血或咳血；重症结膜炎，上、下眼睑水肿；血性腹泻，重症腹痛，高热及休克症候群；皮肤出现剧痛性红色丘疹，其后逐渐隆起，形成血性水泡，周边呈黑色，基底坚硬，水泡破溃后创面也呈灰黑色；剧烈头痛、昏睡、颈部强直、谵语妄动、脑压高、脑脊液浑浊等症状体征。表现类型为腺鼠疫、肺鼠疫、败血性鼠疫、脑膜炎型鼠疫、扁桃体鼠疫、眼型鼠疫和肠型鼠疫等。腺鼠疫是鼠疫最常见的临床病型。肺鼠疫的传染性最强，是最重、最凶险的病型之一，如不经治疗，病死率接近100%。

鼠疫杆菌不仅可以感染人类，而且可以感染200多种啮齿动物。携带鼠疫杆菌、对人类威胁最大的首推老鼠及

旱獭。啮齿动物感染鼠疫杆菌后，部分发病死亡，而另一部分可以不发病，但长期携带鼠疫杆菌，成为"储存宿主"，即传染源。鼠疫的传播途径有多种，无论是吸入、食入，还是通过黏膜、皮肤，都可使人感染。但传播途径不同，临床表现也不同。自然状况下最常见的有三种：一是寄生在鼠类的跳蚤染菌后通过叮咬传播；二是肺鼠疫病人呼出含有大量鼠疫杆菌的飞沫，造成人与人的传播；三是在剥食、皮毛加工、捕猎等活动中皮肤破损造成感染。人群普遍易感，病后则具持久的免疫力。

对于鼠疫的自我防护，主要

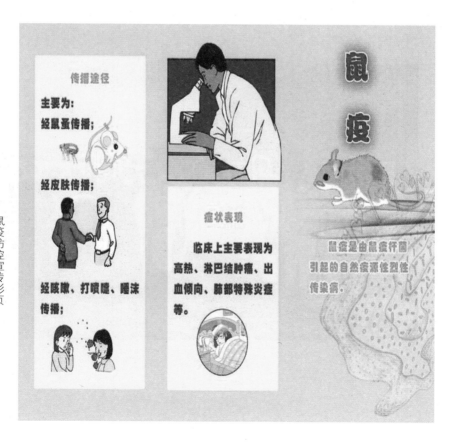

鼠疫防控宣传彩页

告诉你可怕的**自然灾害**

有以下几个方面：（1）灭鼠防蚤，搞好环境卫生。（2）接种疫苗。当疫情发生时或需要进入疫源地从事野外活动时，可事先接种鼠疫疫苗，但其保护作用不甚理想。（3）不剥食病、死动物。（4）坚持"依法治理，综合防治"。突出重点，因地制宜地开展健康教育、疫区处理和改造疫区生态环境为主的综合防治工作，个体应与政府和社会紧密配合。（5）加强个人防护和消毒。（6）妥善处理鼠疫死者尸体。技术性措施需要在卫生防疫部门专业人员的具体指导下进行。

鼠　疫

生化灾害小知识

瘟疫之村

英格兰德比郡的小村亚姆有一个别号，叫"瘟疫之村"。但这个称呼并非耻辱，而是一种荣耀。1665年9月初，村里的裁缝收到了一包从伦敦寄来的布料，4天后他死了。月底又有5人死亡，村民们醒悟到那包布料已将黑死病从伦敦带到了这个小村。在瘟疫袭来的恐慌中，本地教区长说服村民作出了一个勇气惊人的决定：与外界断绝来往，以免疾病扩散。此举无异于自杀。一年后首次有外人来到此地，他们本来以为会看到一座鬼村，却惊讶地发现，尽管全村350名居民有260人被瘟疫夺去生命，毕竟还有一小部分人活了下来。

有一位妇人在一星期内送走了丈夫和6个孩子，自己却从未发病。村里的掘墓人亲手埋葬了几百名死者，却并未受这种致死率100%的疾病影响。这些幸存者接触病原体的机会与死者一样多，是否存在什么遗传因素使他们不易被感染？由于亚姆村从1630年代起就实施死亡登记制度，而且几百年来人口流动较少，历史学家可以根据家谱准确地追踪幸存者的后代。以此为基础，科学家于1996年分析了瘟疫幸存者后代的DNA，发现约14%的人带有一个特别的基因变异，称为CCR5-△32。

这个变异并不是第一次被发现，此前不久它已在有关艾滋病病毒（HIV）研究中与人类照面。它阻止HIV进入免疫细胞，使人能抵抗HIV感

染。三百多年前的瘟疫，与艾滋病这种诞生未久的现代瘟疫，通过这个基因变异产生了奇妙的联系。

天 花

天花是感染痘病毒引起的，无药可治，患者在痊愈后脸上会留有麻子，"天花"由此得名。天花病毒有高度传染性，没有患过天花或没有接种过天花疫苗的人，不分男女老幼包括新生儿在内，均能感染

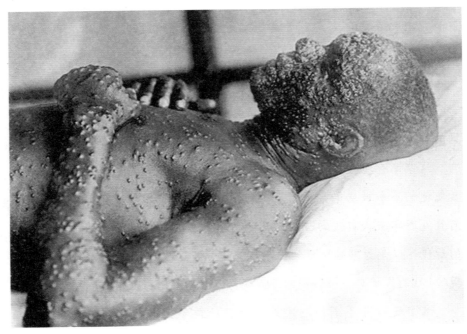

天 花

天花。

每四名病人当中便有一人死亡，而剩余的三人却要留下丑陋的痘痕天花，几乎是有人类历史以来就存在的可怕疾病。在公元前1000多年前保存下来的埃及木乃伊身上就有类似天花的痘痕。曾经不可一世的古罗马帝国相传就是因为天花的肆虐，无法加以遏制，以致国威日蹙。

1846年，在来自塞纳河流域、入侵法国巴黎的诺曼人中间，天花突然流行起来了。这让诺曼人的首领为之惊慌失措，也使那些在战场上久经厮杀不知恐惧的士兵毛骨悚然。残忍的首领为了不让传染病传播开来以致殃及自己，采取了一个残酷无情的手段，他下令杀掉所有天花患者及所有看护病人的人。这种可怕的手段，在当时被认为是可能扑灭天花流行的唯一可行的办法。

塞纳河

告诉你可怕的自然灾害

英国史学家纪考莱把天花称为"死神的忠实帮凶"。他写道："鼠疫或者其他疫病的死亡率固然很高，但是它的发生却是有限的。在人们的记忆中，它们在我们这里只不过发生了一两次。然而天花却接连不断地出现在我们中间，长期的恐怖使无病的人们苦恼不堪，即使有某些病人幸免于死，但在他们的脸上却永远留下了丑陋的痘痕。病愈的人们不仅是落得满脸痘痕，还有很多人甚至失去听觉，双目失明，或者染上了结核病。"18世纪，欧洲蔓延天花，死亡人数曾高达1亿5千万人以上。

天花主要通过飞沫吸入或直接接触而传染，当人感染了天花病毒以后，大约有10天左右潜伏期，潜伏期过后，病人发病很急，多以头痛、背痛、发冷或寒战.高热等症

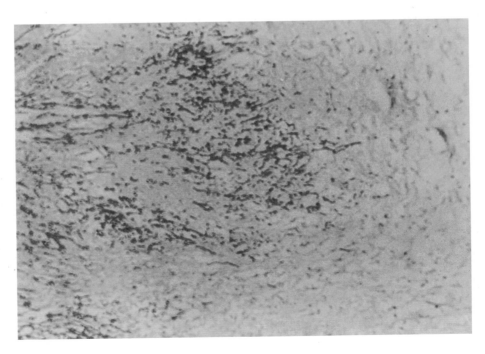

败血症

状开始体温可高达41℃以上。伴有恶心、呕吐、便秘、失眠等。小儿常有呕吐和惊厥。发病3~5天后，病人的额部、面颊、腕、臂、躯干和下肢出现皮疹，开始为红色斑疹，后变为丘疹，2~3天后丘疹变为疱疹，以后疱疹转为脓疱疹。脓疱疹形成后2~3天，逐渐干缩结成厚痂，大约1个月后痂皮开始脱落，遗留下疤痕，俗称"麻斑"。重型天花病人常伴并发症，如败血症、骨髓炎、脑炎、脑膜炎、肺炎、支气管炎、中耳炎、喉炎、失明、流产等，是天花致人死亡的主要原因。

对天花病人要严格进行隔离，病人的衣、被、用具、排泄物、分泌物等要彻底消毒。对病人除了采取对症疗法和支持疗法以外，重点是预防病人发生并发症，口腔、鼻、咽、眼睛等要保持清洁。接种天花疫苗是预防天花的最有效办法。由于天花病毒在人身上传染，而且牛痘疫苗可以有效终身地防止天花的传染，因此自1977年以后世界上没有发生过天花。

霍　乱

霍乱是由霍乱弧菌所致的烈怀肠道传染病，临床上以剧烈无痛性泻吐，米泔样大便，严重脱水，肌肉痛性痉挛及周围循环衰竭等为特征。霍乱弧菌包括两个生物型，即古生物型和埃尔托生物型。过去把前者引起的疾病称为霍乱，把后者引起的疾病称为副霍乱。1962年世界卫生大会决定将副霍乱列入《国际卫生条例》检疫传染病"霍乱"

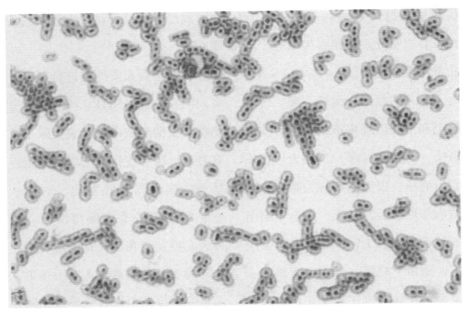

霍乱弧菌

项内，并与霍乱同样处理。解放后我国已消灭本病，但国外仍有不断发生和流行，因此必须随时警惕本病的发生，认真做好预防工作。霍乱为我国法定的甲级烈性传染病，要求在发现确诊或疑似病例后12小时内上报。

霍乱弧菌产生致病性的是内毒素及外毒素，正常胃酸可杀死弧菌，当胃酸暂时低下时或入侵病毒菌数量增多时，未被胃酸杀死的弧菌就时入小肠，在碱性肠液内迅速繁殖，并产生大量强烈的外毒素。这种外毒素对小肠粘膜的作用引起肠液的大量分泌，其分泌量很大，超过肠管再吸收的能力，在临床上出现剧烈泻吐，严重脱水致使血浆容量明显减少，体内盐分缺乏，血液浓缩，出现周围循环衰竭。由于剧烈泻吐，电解质丢失、缺钾缺钠、肌肉痉挛、酸中毒等甚至发生休克及急性肾功衰竭。

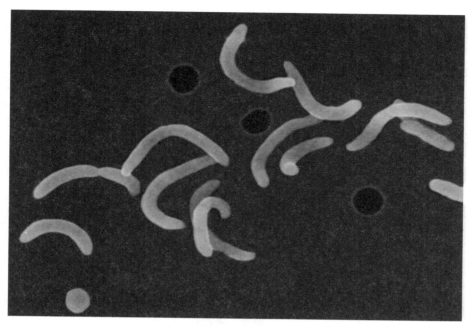

霍乱弧菌

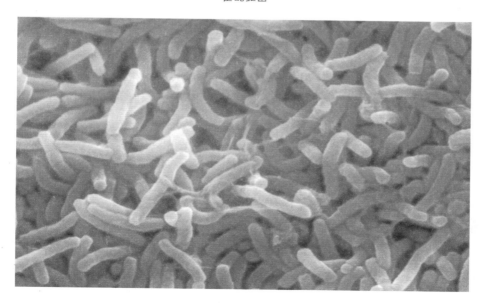

霍乱弧菌

在历史上，霍乱在印度和东南亚常有发生。但在1817年，一种特别严重和致命的霍乱病在印度加尔各答地区突然流行。在此后的15年中，霍乱向西传到世界其他大多数地方。与较早发生的黑死病相似，它是通过旅行者、商人和水手播出去的。霍乱迅速流行而事先没有预兆。在那个时候，人们不知道用什么药物来治疗这种疾病，所以得了此病便活不成了。每20个俄罗斯人中就有一人死于1830年那次霍乱爆发，每30个波兰人中也有一人死于该病。到1832年，霍乱才逐渐消失。在19世纪，霍乱又多次流行，但不再有如此毁灭性的影响。

疟　疾

疟疾是由疟原虫引起的寄生虫病，于夏秋季发病较多。在热带及亚热带地区一年四季都可以发病，并且容易流行。典型的疟疾多呈周期性发作，表现为间歇性寒热发作。一般在发作时先有明显的寒战，全身发抖、面色苍白、口唇发绀，寒战持续约10分钟至2小时，接着体温迅速上升，常达40℃或更高，面色潮红、皮肤干热、烦躁不安，高热持续约2～6小时后，全身大汗淋漓，大汗后体温降至正常或正常以下。经过一段间歇期后，又开始重复上述间歇性定时寒战、高热发作。

疟疾是一很古老的疾病，远在公元2000年前《黄帝内经·素问》中即有《疟论篇》和《刺论篇》等专篇论述疟疾的病因、症状和疗法，并从发作规律上分为"日

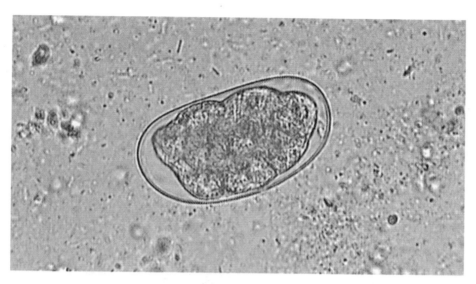

寄生虫卵

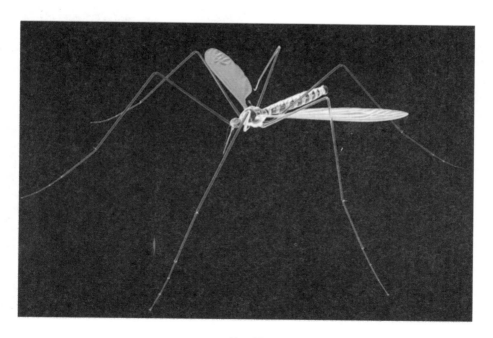

蚊 子

作""间日作"与"三日作"。然而，直到1880年法国人Laveran在疟疾病人血清中发现疟原虫；1897年英国人Ross发现蚊虫与传播疟疾的关系，它的真正病因才弄清楚。

疟疾广泛流行于世界各地，据世界卫生组织统计，目前仍有92个国家和地区处于高度和中度流行，每年发病人数为1.5亿，死于疟疾者愈200万人。我国解放前疟疾连年流行，尤其南方，由于流行猖獗，病死率很高。解放后，全国建立了疟疾防治机构，广泛开展了疟疾的防治和科研工作，疟疾的发病率已显著下降。

要控制和预防疟疾，必须认真贯彻预防为主的卫生工作方针。进入疟区前，应及时做好流行病学侦察，针对疟疾流行的三个基本环节，采取综合性防治措施。

管理传染源，及时发现疟疾病人，并进行登记、管理和追踪观

疟疾宣传图片

察。对现症者要尽快控制，并予根治；对带虫者进行休止期治疗或抗复发治疗。通常在春季或流行高峰前一个月进行。凡两年内有疟疾病史、血中查到疟原虫或脾大者均应进行治疗，在发病率较高的疫区，

可考虑对15岁以下儿童或全体居民进行治疗。

切断传播途径，在有蚊季节正确使用蚊帐，户外执勤时使用防蚊剂及防蚊设备。灭蚊措施除大面积应用灭蚊剂外，量重要的是消除积水、根除蚊子孳生场所。

关于疟疾的治疗，主要包括以下几个方面：

（1）基础治疗：发作期及退热后24小时应卧床休息；要注意水份的补给，对食欲不佳者给予流质或半流质饮食，至恢复期给高蛋白饮食；吐泻不能进食者，则适当补液；有贫血者可辅以铁剂；寒战时注意保暖；大汗应及时用干毛巾或温湿毛巾擦干，并随时更换汗湿的衣被，以免受凉；高热时采用物理降温，过高热患者因高热难忍可药物降温；凶险发热者应严密观察病情，及时发现生命体征的变化，详细记录出入量，做好基础护理；按虫媒传染病做好隔离。患者

灭蚊剂

所用的注射器要洗净消毒。

（2）控制发作：磷酸氯喹简称氯喹，该药吸收快且安全，服后1~2小时血浓度即达高峰；半衰期120小时；疗程短；毒性较小，是目前控制发作的首选药。部分患者服后有头晕、恶心。过量可引起心脏房室传导阻滞、心率紊乱、血压下降。禁忌不稀释静注及儿童肌肉注射。尿的酸化可促进其排泄。严

重中毒呈阿斯综合征者，采用大剂量阿托品抢救或用起搏器。值得注意的是恶性疟疾的疟原虫有的对该药已产生抗性。青蒿素：该药作用于原虫膜系结构，损害核膜、线粒体外膜等而起抗疟作用。其吸收特快，很适用于凶险疟疾的抢救。

（3）针刺疗法：于发作前两小时治疗可控制发作，系调动了体内免疫反应力。穴位有大椎、陶道、后溪，前两穴要使针感向肩及尾骨方向放散，间歇提插捻转半小时。疟门穴、承山穴单独针刺有同样效果。

（4）中医药：中医学认为病因是外感暑温疟邪。分为正疟、瘴疟、久疟。正疟相当于慢性复发疟疾。正疟主张和解少阳，

柴 胡

祛邪上疟，应用小柴胡汤加减（柴胡、黄芩、党参、陈皮、甘草）。瘴疟认为需清热、保津、截疟，主张给生石膏、知母、玄参、麦冬、柴胡，随症加减。久疟者需滋阴清热，扶养正气以化痰破淤、软坚散结，常用青蒿别甲煎、别甲煎丸等。民间常用单方验方，如马鞭草1～2两浓煎服；独头大蒜捣烂敷内关；酒炒常山、槟榔、草果仁煎服等。均为发作前2～3小时应用。

流　感

流行性感冒，简称流感。是流感病毒引起的急性呼吸道感染，也是一种传染性强、传播速度快的疾病。其主要通过空气中的飞沫、人与人之间的接触或与被污染物品的接触传播。典型的临床症状是：急起高热、全身疼痛、显著乏力和轻度呼吸道症状。一般秋冬季节是其高发期，所引起的并发症和死亡现象非常严重。

流感病毒属于正粘组液病毒科，球型，直径80～20毫米，基因组为RNA病毒。其特点是容易发生变异。分为甲、乙、丙三型，其中甲型最容易发生变异，可感染人和多种动物，为人类流感的主要病原，常引起大流行和中小流行；乙型流感病毒变异较少，可感染人类，引起爆发或小流行；丙型较稳定，可感染人类，多为散发病例，目前发现猪也可被感染。流感病毒不耐热，100℃1分钟或56℃30分钟灭活，对常用消毒剂敏感（1%甲醛、过氧乙酸、含氯消毒剂等）

告诉你可怕的**自然灾害**

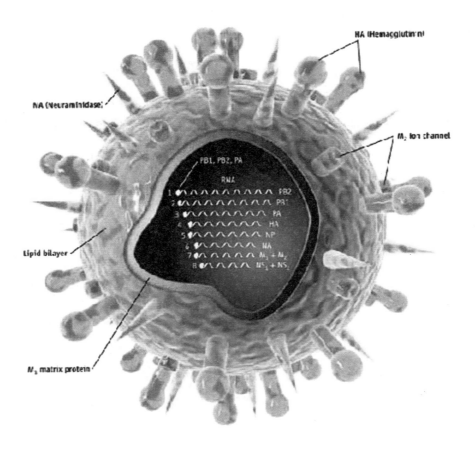

流感病毒

对紫外线敏感，耐低温和干燥，真空干燥或–20℃以下仍可存活。

1917年—1919年，欧洲爆发西班牙流感（病毒类型 H1N1）疫症，导致2,000万人死亡（第一次世界大战的死亡人数只是850万

人），是历史上最严重的流感疫症。1957年2月在中国贵州爆发（病毒可能是在1956年从苏联传来），其后散播至世界各地。全球受影响的人数占总人口的10%至30%，但死亡率较1919年的疫症

168

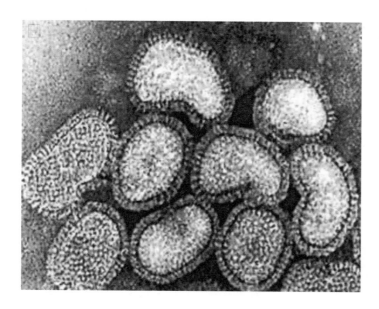

H1N1流感病毒

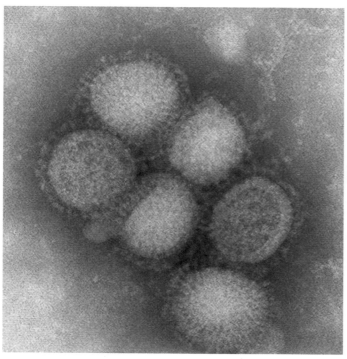

H1N1流感病毒

为低，约为总人口的0.25%。1968年—1969年，流感从香港开始，全球的死亡人数达70万人，其中美国就占3万多人。1976年，新泽西一名青年染上猪流感，引致恐慌会爆发新疫症，于是大规模推行疫苗注射。1986年—1993年，世界不同地区发生数宗人类染上猪流感的病案。

鸡

禽流感

禽流感是由禽流感病毒引起的一种急性传染病，也能感染人类，感染后的症状主要表现为高热、咳嗽、流涕、肌痛等，多数伴有严重的肺炎，严重者心、肾等多种脏器衰竭导致死亡，病死率很高。此病可通过消化道、呼吸道、皮肤损伤和眼结膜等多种途径传播，人员和

鸟

车辆往来是传播本病的重要因素。

文献中记录的最早发生的禽流感在1878年，意大利发生鸡群大量死亡，当时被称为鸡瘟。到1955年，科学家证实其致病病毒为甲型流感病毒。此后，这种疾病被更名为禽流感。禽流感被发现100多年来，人类并没有掌握特异性的预防和治疗方法，仅能以消毒、隔离、大量宰杀禽畜的方法防止其蔓延。

由于禽流感是由A型流感病毒引起的家禽和野禽的一种从呼吸病到严重性败血症等多种症状的综合病症，目前在世界上许多国家和地区都有发生，给养禽业造成了巨大的经济损失。这种禽流感病毒，主要引起禽类的全身性或者呼吸系统性疾病，鸡、火鸡、鸭和鹌鹑等家禽及野鸟、水禽、海鸟等均可感染，发病情况从急性败血性死亡到无症状带毒等极其多样，主要取决于带病体的抵抗力及其感染病毒的类型及毒力。

禽流感病毒不同于ＳＡＲＳ病毒，禽流感病毒迄今只能通过禽传染给人，不能通过人传染给人。感染人的禽流感病毒H5N1是一种变异的新病毒，并非在鸡鸭鸟中流行了几十年禽流感的H5N2。无须谈禽流感色变。目前没有发现吃鸡造成禽流感H5N1传染人的，都是和鸡的密切接触，可能是病毒直接吸入或者进入黏膜等等原因造成感染。

最早的人禽流感病例出现在1997年的香港。那次禽流感病毒感染导致12人发病，其中6人死亡。根据世界卫生组织的统计，到目前为止全球共有15个国家和地区的393人感染，其中248人死亡，死亡率63％。中国从03年至今有31人感染禽流感，其中21人死亡。

登革热

登革热是登革热病毒引起、依蚊传播的一种急性传染病。临床特征为起病急骤，高热，全身肌肉、骨髓及关节痛，极度疲乏，部分患可有皮疹、出血倾向和淋巴结肿大。关于登革热的人类最早记录，是在晋朝时，有文献记录了类似骨痛热症的病。本病于1779年在埃及开罗、印度尼西亚雅加达及美国费城发现，并据症状命名为关节热和骨折热。1869年由英国伦敦皇家内科学会命名为登革热。

印尼登革热疫情

登革热作为名词已有二百多年的历史，直到第二次世界大战时，登革热在东南亚地区造成日本军队和盟军的伤亡人数增加后，日本和美国科学家便积极投入研究，1943年日本科学家首次发现登革热病毒，美国也相继发现这病毒。其病因学直至1944年才被了解，1952年登革热病毒首次被分离了出来，也依血清学方法定出一型登革热病毒及二型登革热病毒；1956年在马尼拉从患有出血性疾病的病人身上分别分离出三型登革热病毒及四型登革热病毒。

20世纪，登革热在世界各地发生过多次大流行，病例数百万计。在东南亚一直呈地方性流行。据记载，于40年代本病曾传入我国上海、福建、汉口、广东等地，并发生流行。1978年本病在广东省佛山市发生流行，近十年来疫情在广东、海南省迅速蔓延，波及广西，全国累计病例60多万例。由于登革热传播迅猛，发病率高，登革出血热和登革休克综合征的病死率较高。不仅严重影响人民的健康而且严重影响当地经济开发和旅游贸易事业的发展。

肺结核

结核俗称"痨病"，是结核杆菌侵入体内引起的感染，是青年人容易发生的一种慢性和缓发的传染病。一年四季都可以发病，15岁到35岁的青少年是结核病的高发峰年龄。潜伏期4～8周。其中80％发

粟粒性肺结核

生在肺部，其他部位（颈淋巴、脑膜、腹膜、肠、皮肤、骨骼）也可继发感染。主要经呼吸道传播，传染源是接触排菌的肺结核患者。解放后人们的生活水平不断提高，结核已基本控制，但近年来，随着环

告诉你可怕的**自然灾害**

境污染和艾滋病的传播，结核病又卷土重来，发病率欲演欲烈。

1882年，德国科学家罗伯特·科赫宣布发现了结核杆菌，并将其分为人型、牛型、鸟型和鼠型4型，其中人型菌是人类结核病的主要病原体。肺结核就是主要由人型结核杆菌侵入肺脏后引起的一种具有强烈传染性的慢性消耗性疾病。常见临床表现为咳嗽、咯痰、咯血、胸痛、发热、乏力、食欲减退等局部及全身症状。肺结核90%以上是通过呼吸道传染的，病人通过咳嗽、打喷嚏、高声喧哗等使带菌液体喷出体外，健康人吸入后就会被感染。

1945年，特效药链霉素的问世使肺结核不再是不治之症。此后，雷米封、利福平、乙胺丁醇等药物的相继合成，更令全球肺结核患者

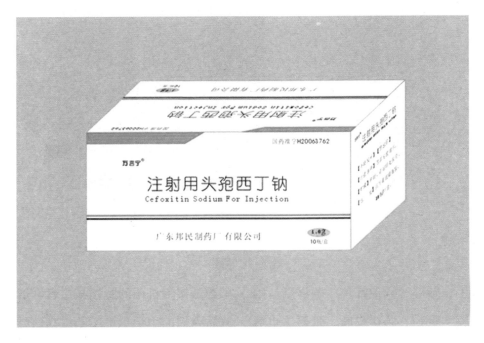

头孢抗生素

176

的人数大幅减少。在预防方面，主要以卡介苗（BCG）接种和化学预防为主。其中1952年异烟肼的问世，使化学药物预防获得成功。异烟肼的杀菌力强、副作用少、且又经济，所以便于服用，服用6至12个月，10年内可减少发病50%至60%。

抗生素、卡介苗和化疗药物的问世是人类在与肺结核抗争史上里程碑式的胜利，为此，美国在20世纪80年代初甚至认为20世纪末即可消灭肺结核。然而，这种顽固的"痨病"又向人类发起了新一轮的挑战。据世界卫生组织的报告，近年来肺结核在全球各地死灰复燃，1995年全世界有300万人死于此病，是该病死亡人数最多的一年，大大超过了肺结核流行的1900年。在2003年3月24日"世界防治结核病日"之际，"制止结核病"世界行动组织公布的数字显示：目前全球每天仍

有5000人死于结核病，而每年罹患结核病的人数超过800万。

造成上述情况的原因主要是近20年世界许多地区政策上的忽视，致使肺结核防治系统遭到破坏甚至消失。艾滋病人感染肺结核的几率是常人的30倍，大部分艾滋病患者都死于肺结核，随着艾滋病在全球蔓延，肺结核病人也在快速增加。多种抗药性结核病菌株的产生，增加了肺结核防治的难度等。为此，世界卫生组织宣布"全球处于结核病紧急状态"。为进一步推动全球预防与控制结核病的宣传活动，该组织于1995年底决定把每年的3月24日定为"世界防治结核病日"，并于1997年宣布了一项被称为"直接观察短期疗程"的行动计划，其目标是治愈95%的肺结核患者。这项计划的核心是医务工作者直接监督患者服药，以免患者延误治疗，造成疾病的大面积传播。

SARS

SARS事件是指严重急性呼吸系统综合症，于2002年在中国广东顺德首发，并扩散至东南亚乃至全球，直至2003年中期疫情才被逐渐消灭的一次全球性传染病疫潮。在此期间发生了一系列事件：引起社会恐慌，包括医务人员在内的多名患者死亡，中国政府对疫情从隐瞒到着手处理直至最后控制，世界各国对该病的处理，疾病的命名，病原微生物的发现及命名，联合国、世界卫生组织及媒体的关注等等。

传染性非典型肺炎，又称严重急性呼吸综合征，简称SARS，是一种因感染SARS相关冠状病毒而导致的以发热、干咳、胸闷为主要症状，严重者出现快速进展的呼吸系统衰竭，是一种新的呼吸道传染病，极强的传染性与病情的快速进展是此病的主要特点。患者为重要的传染源，主要是急性期患者，此时患者呼吸道分泌物、血液里病毒含量十分高，并有明显症状，如打喷嚏等易播散病毒。SARS冠状病毒主要通过近距离飞沫传播、接触患者的分泌物及密切接触传播，是一种新出现的病毒，人群不具有免疫力，普遍易感。

传染性非典型肺炎病死率约在15%左右，主要是冬春季发病。其发病机制与机体免疫系统受损有关。病毒在侵入机体后，进行复制，可引起机体的异常免疫反应，由于机体免疫系统受破坏，导致患者的免疫缺陷。同时SARS病毒可以直接损伤免疫系统特别是淋巴细胞。

性　病

性病，全名为性传播疾病。它是以性接触为主要传播方式的一组疾病。国际上将20多种通过性行为或类似性行为引起的感染性疾病列入性病范畴。较常见的性病有淋病、梅毒、非淋菌性尿道炎、尖锐湿疣、沙眼依原体、软下疳、生殖器疱疹、滴虫病、乙型肝炎和艾滋病等。其中，梅毒、淋病、生殖器疱疹、尖锐湿疣、软下疳、非淋菌性尿道炎、性病性淋巴肉芽肿和艾滋病等8种性病被列为我国重点防治的性病。性病可由病毒、细菌和寄生虫引起。由病毒引起的性病有生殖器疣、乙型肝炎和生殖器疱疹等。由细菌引起的性病有淋病和梅毒等。疥疮、滴虫病和阴虱是由寄生虫引起的性病。

在人类的进化过程中，性活动始终占有较重要的地位，夫子云："食色性也。"病能从口入，也能从性行为而来。在古代医籍中就记载"淋证""疳疮""霉疮"等，但有些性病并非我国固有的，而是来源于中外交流，从外国传染而来。如梅毒是13世纪由葡萄牙商人传入我国岭南，从南至北蔓延开来。当然有些性病古代并没有，如艾滋病是20世纪80年代才被认识的一种传染病，它开始在同性恋者中传播，有高度的致死性，后被证实是由于感染一种免疫缺陷病毒（称为AIDS病毒）引起的疾病。它可以称为现代病。总之，性病是自古就有的，只是由于人类活动的范围扩大，交流增多，性行为更随意，性

告诉你可怕的**自然灾害**

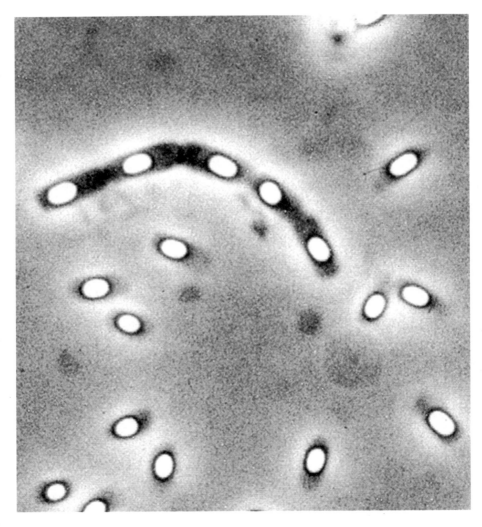

细　菌

病的范围在不断扩大。

性病是危害人类最严重、发病最广泛的一种传染病，它不仅危害个人健康，也殃及家庭，遗害后代，同时还危害社会。性病对人体健康的损害是多方面的。感染性病后如果不能及时发现并彻底治疗，不仅可损害人的生殖器官，导致不育，有些性病还可损害心脏、脑等人体的重要器官，甚至导致死亡。有些性病一旦染上是难以治愈的，如尖锐湿疣、生殖器疱疹。有相当一部分的性病患者症状较轻或没有任何明显的症状，但却可以通过各种性病传播途径传给其他健康人。性病的流行还给家庭带来严重危害。例如淋病，通常情况是，夫妇中的一方由于某种原因而感染上性病，然后通过夫妻间的性生活，传染给对方，家中的孩子或是通过母婴途径传播，或是通过日常生活的接触而被感染，使得一家人都深受其害。

下面，我们来详细谈一下性病中的艾滋病。

艾滋病，全名为"获得性免疫缺陷综合症"，英语缩写AIDS的音译。分为两种类型：HIV-1型和HIV-2型，它们又有各自的亚型。不同地区流行的亚型不同，同一亚型在不同地区也存在一定差异。它是人体感染了"人类免疫缺陷病毒"（又称艾滋病病毒）所导致的传染病。艾滋病被称为"20世纪的瘟疫"。国际医学界至今尚无防治艾滋病的有效药物和疗法，因此也被称为"超级癌症"和"世纪杀手"。

艾滋病起源于非洲，后由移民带入美国。由美国、欧洲和喀麦隆科学家组成的一个国际研究小组说，他们通过野外调查和基因分析证实，人类艾滋病病毒HIV-1起源于野生黑猩猩，病毒很可能是从猿类免疫缺陷病毒SIV进化而来。1981年6月5日，美国亚特兰大疾

病控制中心在《发病率与死亡率周刊》上简要介绍了5例艾滋病病人的病史，这是世界上第一次有关艾滋病的正式记载。1982年，这种疾病被命名为"艾滋病"。不久以后，艾滋病迅速蔓延到各大洲。1985年，一位到中国旅游的外籍青年患病入住北京协和医院后很快死亡，后被证实死于艾滋病。这是我国第一次发现艾滋病。联合国艾滋病规划署2006年5月30日宣布自1981年6月首次确认艾滋病以来，25年间全球累计有6500万人感染艾滋病毒，其中250万人死亡。到2005年底，全球共有3860万名艾滋病病毒感染者，当年新增艾滋病病毒感染者410万人，另有280万人死于艾滋病。

人类天生具有免疫功能，当细菌、病毒等侵入人体时，在免疫功能正常运作下，就算生病了也能治愈。然而，HIV所攻击的正是人体免疫系统的中枢细胞T4淋巴细胞，致使人体丧失抵抗能力。艾滋病病毒HIV是一种能攻击人体免疫系统的病毒。它把人体免疫系统中最重要的T4淋巴细胞作为攻击目标，大量破坏T4淋巴细胞。这种病毒终生传染，破坏人的免疫系统，使人体丧失抵抗各种疾病的能力。HIV本身并不会引发任何疾病，而是当免疫系统被HIV破坏后，人体由于失去抵抗能力而感染其他的疾病导致各种复合感染而死亡。艾滋病病毒在人体内的潜伏期平均为12年至13年，在发展成艾滋病病人以前，病人外表看上去正常，他们可以没有任何症状地生活和工作很多年。

艾滋病传染主要是通过性行为、体液的交流而传播。体液主要有：精液、血液、阴道分泌物、乳汁、脑脊液和有神经症状者的脑组织中。其他体液中，如眼泪、唾液和汗液，存在的数量很少，一般不会导致艾滋病的传播。一般的接触并不能传染艾滋病，所以艾滋病患者在生活当中不应受到歧视，如共同进餐、握手等都不会传染艾滋病。艾滋病病人吃过的菜，喝过的汤是不会传染艾滋病病毒的。艾滋病病毒非常脆弱，在离开人体，如果暴露在空气中，没有几分钟就会死亡。艾滋病虽然很可怕，但该病毒的传播力并不是很强，它不会通过我们日常的活动来传播，也就是说，我们不会经浅吻、握手、拥抱、共餐、共用办公用品、共用厕所、游泳池、共用电话、打喷嚏等而感染，甚至照料病毒感染者或艾滋病患者都没有关系。

狂犬病

狂犬病又称恐水症，是由狂犬病病毒引起的一种人畜共患的中枢神经系统急性传染病。狂犬病病毒属核糖核酸型弹状病毒，通过唾液传播，多见于狗、狼、猫等食肉动物。狂犬病是世界上病死率最高的疾病，一旦发病，死亡率几乎为100%。近年来，随着养狗和家养宠物数量的增多及缺乏对犬和猫等宠物的严格管理，加之对狂犬病防治知识的普及不够，使我国狂犬病发病率已连续五年回升。据卫生部资料统计，至2003年狂犬病病死率居各类传染病之首。

面对这一严峻的事实，应充分发挥护士在预防工作中的干预作用，从社区到临床，需集宣传者、督促者、咨询者于一身，针对高危人群及养犬密度大的农村，开展预防宣传，普及狂犬病的防治知识，降低狂犬病的发病率。由于我国处于狂犬病持续上升高发阶段，健康

动物带毒已成为我们身边的严重隐患，威胁着人类的生命安全和健康。所以被动物咬伤后，及时冲洗处理伤口、注射免疫血清和疫苗接种是防范狂犬病必不可少的三大步骤。狂犬病免疫疫苗接种通常采用五针疗法，免疫时间为零、三、七、十四、二十八天。伤势严重者，在疫苗接种前还需注射抗狂犬病血清或狂犬病免疫球蛋白。

狂犬病毒对外界环境条件的抵抗力并不强，一般的消毒药、加热和日光照射都可以使它失去活力，狂犬病毒对肥皂水等脂溶剂、酸、碱、45%~70%的酒精、福尔马林、碘制剂、新洁尔灭等敏感，但不易被来苏水灭活，磺胺药和抗生素对狂犬病毒无效，冬天野外病死的狗脑组织中的病毒在4℃下可保存几个月，对干燥、反复冻融有一定的抵抗力。

被病狗咬伤后，应立即冲洗伤口。关键是洗的方法。因为伤口像瓣膜一样多半是闭合着，所以必须掰开伤口进行冲洗。用自来水对着伤口冲洗虽然有点痛，但也要忍痛仔细地冲洗干净，这样才能防止感染。冲洗之后要用干净的纱布把伤口盖上，速去医院诊治。被疯狗咬伤后，即使是再小的伤口，也有感染狂犬病的可能，同时可感染破伤风，伤口易化脓。患者应向医生要求注射狂犬病疫苗和破伤风抗毒素预防针。

第五章

海洋灾害

海洋灾害是指源于海洋的自然灾害。海洋灾害主要有灾害性海浪、海冰、赤潮、海啸和风暴潮、龙卷风；与海洋、大气相关的灾害性现象还有"厄尔尼诺现象"和"拉尼娜现象"，台风等。

引发海洋灾害的原因主要有大气的强烈扰动，如热带气旋、温带气旋等；海洋水体本身的扰动或状态骤变；海底地震、火山爆发及其伴生之海底滑坡、地裂缝等。海洋自然灾害不仅威胁海上及海岸，有些还危及沿岸城乡经济和人民生命财产的安全。例如，强风暴潮所导致的海侵（即海水上陆），在我国少则几千米，多则20～30千米，甚至达70千米，某次海潮曾淹没多达7个县。上述海洋灾害还会在受灾地区引起许多次生灾害和衍生灾害。如：风暴潮引起海岸侵蚀、土地盐碱化，海洋污染引起生物毒素灾害等。

世界上很多国家的自然灾害因受海洋影响都很严重。例如，仅形成于热带海洋上的台风（在大西洋和印度洋称为飓风）引发的暴雨洪水、风暴潮、风暴巨浪，以及台风本身的大风灾害，就造成了全球自然灾害生命损失的60％。台风每年造成上百亿美元的经济损失，约为全部自然灾害经济损失的1/3。所以，海洋是全球自然灾害的最主要的源泉。

综合最近20年的统计资料，我国由风暴潮、风暴巨浪、严重海冰、海雾及海上大风等海洋灾害造成的直接经济损失每年约5亿元，死亡500人左右。经济损失中，以风暴潮在海岸附近造成的损失最多，而人员死亡则主要是海上狂风恶浪所为。就目前总的情况来看，海洋灾害给世界各国带来的损失呈上升趋势。

风暴潮

风暴潮指由强烈大气扰动，如热带气旋（台风、飓风）、温带气旋（寒流）等引起的海面异常升高现象。有人称风暴潮为"风暴海啸"或"气象海啸"，在我国历史文献中又多称为"海溢""海侵""海啸"及"大海潮"等，把风暴潮灾害称为"潮灾"。风暴潮的空间范围一般由几十千米至上千千米，时间尺度或周期约为1~100小时，介于地震海啸和低频天文潮波之间。但有时风暴潮影响

风暴潮

187

区域随大气扰动因子的移动而移动，因而有时一次风暴潮过程可影响一两千千米的海岸区域，影响时间多达数天之久。

风暴潮按其诱发的不同天气系统可分为三种类型：由热带风暴、强热带风暴、台风或飓风（为叙述方便，以下统称台风）引起的海面水位异常升高现象，称之为台风风暴潮；由温带气旋引起的海面水位异常升高现象，称之为风暴潮；由寒潮或强冷空气大风引起的海面水位异常升高现象，称之为风潮。以上三种类型统称为风暴潮。

风暴潮灾害居海洋灾害之首位，世界上绝大多数因强风暴引起的特大海岸灾害都是由风暴潮造成的。在孟加拉湾沿岸，1970年11

风暴潮

月13日发生了一次震惊世界的热带气旋风暴潮灾害。这次风暴增水超过6米的风暴潮夺去了恒河三角洲一带30万人的生命，溺死牲畜50万头，使100多万人无家可归。1991年4月的又一次特大风暴潮，在有了热带气旋及风暴潮警报的情况下，仍然夺去了13万人的生命。1959年9月26日，日本伊势湾顶的名古屋一带地区，遭受了日本历史上最严重的风暴潮灾害。最大风暴增水曾达3.45米，最高潮位达5.81米。当时，伊势湾一带沿岸水位猛增，暴潮激起千层浪，汹涌地扑向堤岸，防潮海堤短时间内即被冲毁。造成了5180人死亡，伤亡合计7万余人，受灾人口达150万，直接经济损失852亿日元。

中国历史上，由于风暴潮灾造成的生命财产损失触目惊心。1782年清代的一次强温带风暴潮，曾使山东无棣至潍县等7个县受

风暴潮

害。1895年4月28、29日，渤海湾发生风暴潮，毁掉了大沽口几乎全部建筑物，整个地区变成一片"泽国"，"海防各营死者2000余人"。1922年8月2日一次强台风风暴潮袭击了汕头地区，造成特大风暴潮灾。据史料记载和我国著名气象学家竺可桢先生考证，有7万余人丧生，更多的人无家可归流离失所。这是20世纪我国死亡人数最多的一次风暴潮灾害。

几十年中，尽管沿海人口急剧增加，但死于潮灾的人数已明显减少，这都要归功于我国社会制度的优越和风暴潮预报警报的成功。但随着濒海城乡工农业的发展和沿海基础设施的增加，承灾体的日趋庞大，每次风暴潮的直接和间接损失却正在加重。据统计，中国风暴潮的年均经济损失已由50年代的1亿元左右，增至80年代后期的平均每年约20亿元。90年代前期每年平均76亿元，1992和1994年分别达到93.2和157.9亿元，风暴潮正成为沿海对外开放和社会经济发展的一大制约因素。

台 风

台风和飓风都是产生于热带洋面上的一种强烈的热带气旋，只是发生地点不同，叫法不同。在北太平洋西部、国际日期变更线以西，包括南中国海范围内发生的热带气旋称为台风；而在大西洋或北太平洋东部的热带气旋则称飓风。也就是说在美国一带称飓风，在菲律宾、中国、日本、东亚一带叫台风。台风经过时常伴随着大风和暴雨天气。风向呈逆时针方向旋转。等压线和等温线近似为一组同心圆。中心气压最高而气温最低。

台风给广大的地区带来了充足的雨水，成为与人类生活和生产关系密切的降雨系统。但是，台风也总是带来各种破坏，它具有突发性强、破坏力大的特点，是世界上最严重的自然灾害之一。 台风的破坏力主要由强风、暴雨和风暴潮三个因素引起。①强风台风是一个巨大的能量库，其风速都在17米/秒以上，甚至可达60米/秒以上。据测，当风力达到12级时，垂直于风向平面上每平方米风压可达230千克；②暴雨台风是非常强的降雨系统。一次台风登陆，降雨中心一天之中可降下100～300毫米的大暴雨，甚至可达500～800毫米。台风暴雨造成的洪涝灾害，是最具危险性的灾害。台风暴雨强度大，洪水出现频率高，波及范围广，来势凶

台 风

告诉你可怕的**自然灾害**

台 风

猛，破坏性极大；③风暴潮与天文大潮高潮位相遇，产生高频率的潮位，导致潮水漫溢，海堤溃决，冲毁房屋和各类建筑设施，淹没城镇和农田，造成大量人员伤亡和财产损失。风暴潮还会造成海岸侵蚀，海水倒灌造成土地盐渍化等灾害。

台风登陆后，受到粗糙不平的地面摩擦影响，风力大大减弱，中心气压迅速升高。可是在高空，大风仍然绕着低气压中心吹刮着，来自海洋上高温高湿的空气仍然在上升和凝结，不断制造出雨滴来。如果潮湿空气遇到大山，迎风坡还会迫使它加速上升和凝结，那里的暴雨就更凶猛了。有时候台风登陆后，"累"得实在动不了，不但风力减小，连低气压中心也移动缓慢，甚至老在一个地方停滞徘徊，这样，暴雨一连几天几夜地倾泻在同一地区，灾情就更严重了。据世界气象组织的报告，全球每年死于台风的人数约为2000～3000人。据有关资料，西太平洋沿岸国家平均每年因台风造成的经济损失为40亿美元。

我国也是一个台风灾害严重的国家。我国华南地区受台风影响最为频繁，其中广东、海南最为严重，有的年份登陆以上两省的台风可多达14个。此外，台湾、福建、浙江、上海、江苏等也是受台风影响较频繁的省市。有些台风从我国沿海登陆后还会深入到内陆。在西太平洋沿岸国家中，登陆我国的台风平均每年有7个左右，占这一地区登陆台风总数的 35%。1996年，9608号台风先后在台湾基隆和福建

台　风

告诉你可怕的**自然灾害**

福清登陆，10多个省市受灾农作物5400多万亩，死亡700多人；1997年，9711号台风先后在浙江温岭和辽宁锦州登陆，10多个省市受灾农作物面积1亿多亩，死亡240人；

2001年广西连受"榴莲"、"尤特"两个台风袭击，出现大范围暴雨或大暴雨，全区48个县市区上千万人受灾，40多万人一度被洪水围困。

"厄尔尼诺"现象

"厄尔尼诺"现象又称厄尔尼诺海流，是太平洋赤道带大范围内海洋和大气相互作用后失去平衡而产生的一种气候现象，就是沃克环流圈东移造成的。正常情况下，热带太平洋区域的季风洋流是从美洲走向亚洲，使太平洋表面保持温暖，给印尼周围带来热带降雨。但这种模式每2～7年被打乱一次，使风向和洋流发生逆转，太平洋表层的热流就转而向东走向美洲，随之便带走了热带降雨，出现所谓的"厄尔尼诺"现象。

"厄尔尼诺"一词来源于西班牙语，原意为"圣婴"。19世纪初，在南美洲的厄瓜多尔、秘鲁等西班牙语系的国家，渔民们发现，每隔几年，从10月至第二年的3月便会出现一股沿海岸南移的暖流，使表层海水温度明显升高。南美洲的太平洋东岸本来盛行的是秘鲁寒流，随着寒流移动的鱼群使秘鲁渔场成为世界四大渔场之一，但这股暖流一出现，性喜冷水的鱼类就会大量死亡，使渔民们遭受灭

194

厄尔尼诺现象

顶之灾。由于这种现象最严重时往往在圣诞节前后，于是遭受天灾而又无可奈何的渔民将其称为上帝之子——"圣婴"。

1997年12月份就出现了20世纪末最严重的一次"厄尔尼诺"现象。海水温度的上升常伴随着赤道幅合带在南美西岸的异常南移，使本来在寒流影响下气候较为干旱的秘鲁中北部和厄瓜多尔西岸出现频繁的暴雨，造成水涝和泥石流灾害。"厄尔尼诺"现象的出现常使低纬度海水温度年际变幅达到峰值。因此，不仅对低纬大气环流，甚至对全球气候的短期振动都具有重大影响。一百多年来，著名的厄尔尼诺年是：1891年、1898年、1925年、1939—1941年、1953年、1957—1958年、1965—1966年、1972—1976年、1982—1983年和

告诉你可怕的 自然灾害

厄尔尼诺现象

1997—1998年。

历史记录显示，自1949年至1990年的40余年间共发生10次"厄尔尼诺"现象，平均3.5年一次，而90年代以来的最近几年里竟出现了4次（1991—1992年、1993年、1994—1995年、1997—1998年），实属历史罕见。而且，90年代以来太平洋海温长期持续偏高，时起时伏的"厄尔尼诺"现象伴随着全球气温持续异常，自然灾害特别是气候巨灾频发。这表明，近年来厄尔尼诺现象的发生有加快、加剧的趋势。

人们已经认识到，除了地震和火山爆发等人类无法阻止的纯粹自然灾害之外，许多灾害的发生多多少少同人类的活动有关。"天灾八九是人祸"这个道理已被越来越多的人所认识。那么肆虐全球的"厄尔尼诺"现象是否也受到人类活动的影响呢？近些年厄尔尼诺现象频频发生、程度加剧，是否也同人类生存环境的日益恶化有一定关系？有科学家从厄尔尼诺发生的周期逐渐缩短这一点推断，厄尔尼诺的猖獗同地球温室效应加剧引起的全球变暖有关，是人类用自己的双手，助长了"圣婴"作恶。

人类最终彻底走出"厄尔尼诺"怪圈，也许就取决于人类自己对自然的态度。1998年2月3日至5日，来自世界各国的100多名气象专家聚集曼谷，研讨对付"厄尔尼诺"的良策。科学家们认为，在预测厄尔尼诺现象方面，人类已取得了长足的进步。不少因"厄尔尼诺"造成的灾害得到了较为准确和及时的预测，使人类能够未雨绸缪。科学家发出了这样的呼吁："拯救大自然，也就是拯救人类自己。"

"拉尼娜"

"拉尼娜"是指赤道太平洋东部和中部海面温度持续异常偏冷的现象（与"厄尔尼诺"现象正好相反）。是气象和海洋界使用的一个新名词。意为"小女孩"，正好与意为"圣婴"的厄尔尼诺相反，也称为"反厄尔尼诺"或"冷事件"。"拉尼娜"同样对气候有影响。拉尼娜与厄尔尼诺性格相反，随着厄尔尼诺的消失，拉尼娜的到来，全球许多地区的天气与气候灾害也将发生转变。总体说来，"拉尼娜"并非性情十分温和，它也将可能给全球许多地区带来灾害，其气候影响与厄尔尼诺大致相反，但其强度和影响程度不如厄尔尼诺。

告诉你可怕的 **自然灾害**

太平洋上空的大气环流叫做沃尔克环流，当沃尔克环流变弱时，海水吹不到西部，太平洋东部海水变暖，就是"厄尔尼诺"现象；但当沃尔克环流变得异常强烈，就产生"拉尼娜"现象。一般"拉尼娜"现象会随着"厄尔尼诺"现象而来，出现厄尔尼诺现象的第二年，都会出现"拉尼娜"现象，有时"拉尼娜"现象会持续两、三年。1988年－1989年，1998年－2001年都发生了强烈的拉尼娜现象，1995年－1996年发生的"拉尼娜"现象较弱，有的科学家认为，由于全球变暖的趋势，"拉尼娜"现象有减弱的趋势。

最近一次"拉尼娜"现象出现在1998年，持续到2000年春季趋

拉尼娜现象

拉尼娜现象

于结束。厄尔尼诺与"拉尼娜"现象通常交替出现，对气候的影响大致相反，通过海洋与大气之间的能量交换，改变大气环流而影响气候的变化。从近50年的监测资料看，厄尔尼诺出现频率多于拉尼娜，强度也大于拉尼娜。拉尼娜常发生于厄尔尼诺之后，但也不是每次都这样。厄尔尼诺与拉尼娜相互转变需要大约四年的时间。中国海洋学家认为，中国在1998年遭受的特大洪涝灾害，就是由"厄尔尼诺——拉尼娜现象"和长江流域生态恶化两大成因共同引起的。

灾害性海浪

在海上引起灾害的海浪叫灾害性海浪。我们这里指的灾害性海浪是指海上波高达6米以上的海浪。因为6米以上波高的海浪对航行在世界各大洋的绝大多数船只已构成威胁，它常能掀翻船只，摧毁海洋工程和海岸工程，给航海、海上施工、海上军事活动、渔业捕捞带来灾难，正确及时地预报这种海浪对保证海上安全生产尤为重要。它是由台风、温带气旋，寒潮的强风作用下形成的。

但必须明确指出，灾害性海浪世界上至今仍没有一个确切的定义。上述定义只是相对当今世界科学技术水平和人们在海上与大自然抗争能力而言的相对定义。所以灾害性海浪的确切定义只能是根据海上不同级别的船只和设施，而分别给出相应级别的定义，类似波级。例如，对于没有机械动力仍借助于风力的帆船，小马力的机帆船，游艇等小型船只，波高达2.5～3米的海浪已构成威胁。因此这种海浪对这些船只就可称为灾害性海浪；对于千吨以上和万吨以下，中远程运输作业船只波高达4～6米的巨浪已构成威胁，对它们来说4米以上的海浪称为灾害性海浪。随着科学技术水平的发展，人们与大自然抗争能力提高，对于20世纪60～70年代相继出现的20万～60万吨的巨轮，一般9米以上的海浪为灾害性海浪。所以在发布海浪预报和警报时除考虑海上一般和普遍情况外，还须根据不同任务，不同船只和不同

灾害性海浪损害桥梁

海上设施进行特殊保证，以减少海上灾害的发生。

灾害性海浪会引起船舶横摇、纵摇和垂直运动。横摇的最大危险在于船舶自由摇摆周期与波浪周期相近时，会出现共振现象，使船舶倾覆。剧烈的纵摇使螺旋桨露出水面，使机器不能正常工作而引起船舶失控。当海浪波长与船长相近时，由于船舶的自重导致万吨巨轮拦腰折断。船舶在波浪中的垂直运动还会造成在浅水中航行的船舶触底碰礁。据史书记载，公元1281年，元世祖忽必烈和范文虎率10多万军队、4400多艘战船在攻占日本的一些岛屿时，台风突然袭来，狂风巨浪使4400艘战船几乎全部毁坏、沉没；10多万军队被葬身海底，活着逃回来的仅有3人。第二次世界大战中，英美海军在诺曼底登陆，由于一次不大的风暴潮而损失了700艘登陆艇。1952年底，

一艘美国船曾在意大利海岸附近被巨浪折成两半。灾害性海浪到了近海和岸边不仅会冲击摧毁沿海的堤岸、海塘、码头和各类建筑物，还会伴随风暴潮损坏船只、席卷人畜，并致使大片农作物受淹和各种水产养殖品受损。海浪所致的泥沙还会造成海港和航道淤塞。灾害性海浪对海岸的压力可达到每平方米30～50吨。据记载，在一次大风暴中，巨浪曾把1370吨重的混凝土块移动了10米，20吨的重物也被它从4米深的海底抛到了岸上。巨浪冲击海岸能激起60～70米高的水柱。例如，1989年8号台风于7月17日20时靠近珠江口上川岛东南约30千米处、沿海岸向西北偏西方向移动时，珠江口至湛江沿岸

灾害性海浪

均有8～10米的海浪，致使沿岸海堤受到严重破坏；台山县海宴东镇中门高5.7米、宽8米、长3.2千米的海堤全被海浪冲毁；阳江的海陵岛高4.5米、宽度10米大堤被巨浪冲毁8米，仅剩下2米。据统计，这次台风仅海浪毁坏的海堤水利工程造成的直接经济损失约1.5亿元。

海　啸

海啸是一种具有强大破坏力的海浪。当地震发生于海底，因震波的动力而引起海水剧烈的起伏，形成强大的波浪，向前推进，将沿海地带一一淹没的灾害，称之为海啸。目前，人类对地震、火山、海啸等突如其来的灾变，只能通过观察、预测来预防或减少它们所造成的损失，但还不能阻止它们的发生。

我国学者发现，在公元前47年（即西汉初元仁年）和公元173年（东汉熹平二年），我国就记载了莱州湾和山东黄县海啸。这些记载曾被国外学者广泛引用，并认为是世界上最早的两次海啸记载全球的海啸发生区大致与地震带一致。全球有记载的破坏性海啸大约有260次左右，平均大约六七年发生一次。发生在环太平洋地区的地震海啸就占了约80%。而日本列岛及附近海域的地震又占太平洋地震海啸的60%左右，日本是全球发生地震海啸并且受害最深的国家。2004年12月26日于印尼的苏门达腊外海发生里氏9级海底地震。海啸袭击斯里兰卡、印度、泰国、印尼、马来西亚、孟加拉、马尔代夫、缅甸和

海 啸

非洲东岸等国，造成三十余万人丧生，准确死亡数字已无法统计。

海啸按其机制有两种形式："下降型"海啸和"隆起型"海啸。"下降型"海啸是某些构造地震引起海底地壳大范围的急剧下降，海水首先向突然错动下陷的空间涌去，并在其上方出现海水大规模积聚，当涌进的海水在海底遇到阻力后，即翻回海面产生压缩波，形成长波大浪，并向四周传播与扩散，这种下降型的海底地壳运动形成的海啸在海岸首先表现为异常的退潮现象。1960年智利地震海啸就属于此种类型。"隆起型"海啸是某些构造地震引起海底地壳大范围的急剧上升，海水也随着隆起区一起抬升，并在隆起区域上方出现大规模的海水积聚，在重力作用下，海水必须保持一个等势面以达到相对平衡，于是海水从波源区向四周扩散，形成汹涌巨浪。这种隆起型的海底地壳运动形成的海啸波在海岸首先表现为异常的涨潮现象。1983年5月26日，日本海7.7级地震引起的海啸属于此种类型。

海啸通常由震源在海底下50千米以内、里氏地震规模6.5以上的海底地震引起。海啸波长比海洋的最大深度还要大，在海底附近传播也没受多大阻滞，不管海洋深度如何，波都可以传播过去，海啸在海洋的传播速度大约每小时500到1000千米，而相邻两个浪头的距离也可能远达500到650千米，当海啸波进入大陆架

海　啸

后，由于深度变浅，波高突然增大，它的这种波浪运动所卷起的海涛，波高可达数十米，并形成"水墙"。由地震引起的波动与海面上的海浪不同，一般海浪只在一定深度的水层波动，而地震所引起的水体波动是从海面到海底整个水层的起伏。此外，海底火山爆发，土崩及人为的水底核爆也能造成海啸。此外，陨石撞击也会造成海啸，"水墙"可达百尺。而且陨石造成的海啸在任何水域也有机会发生，不一定在地震带。不过陨石造成的海啸可能千年才会发生一次。

海　冰

海冰指直接由海水冻结而成的咸水冰，亦包括进入海洋中的大陆冰川（冰山和冰岛）、河冰及湖冰。咸水冰是固体冰和卤水（包括一些盐类结晶体）等组成的混合物，其盐度比海水低2~10‰，物理性质（如密度、比热、溶解热，蒸发潜热、热传导性及膨胀性）不同于淡水冰。海冰的抗压强度主要取决于海冰的盐度、温度和冰龄。通常新冰比老冰的抗压强度大，低盐度的海冰比高盐度的海冰抗压强度大，所以海冰不如淡水冰密度坚硬。

海冰是极地和高纬度海域所特有的海洋灾害。在北半球，海冰所在的范围具有显著的季节变化，以3~4月份最大，此后便开始缩小，到8~9月份最小。北冰洋几乎终年被冰覆盖，冬季（2月）约覆盖洋

海　冰

面的84%，夏季（9月）覆盖率也有54%。因北冰洋四周被大陆包围着，流冰受到陆地的阻挡，容易叠加拥挤在一起，形成冰丘和冰脊。在北极海域里，冰丘约占40%。南极洲是世界上最大的天然冰库，全球冰雪总量的90%以上储藏在这里。南极洲附近的冰山，是南极大陆周围的冰川断裂入海而成的。出现在南半球水域里的冰山，要比北半球出现的冰山大得多，长宽往往有几百千米，高几百米，犹如一座冰岛。

漂浮在海洋上的巨大冰块和冰山，受风力和洋流作用而产生的运动，其推力与冰块的大小和流速有关。据1971年冬位于我国渤海湾的新"海二井"平台上观测结果计

海　冰

算出，一块6千米见方，高度为1.5米的大冰块，在流速不太大的情况下，其推力可达4000吨，足以推倒石油平台等海上工程建筑物。

1912年4月发生的"泰坦尼克"号客轮撞击冰山，遭到灭顶之灾，是20世纪海冰造成的最大灾难之一。我国1969年渤海特大冰封期间，流冰摧毁了由15根2.2厘米厚锰钢板制作的直径0.85米、长41米、打入海底28米深的空心圆筒桩柱全钢结构的"海二井"石油平台，另一个重500吨的"海一井"平台支座拉筋全部被海冰割断，可见海冰的破坏力对船舶、海洋工程建筑物带来的灾害是多么严重。

航海史上，出现过某些海船被封海冰挟持漂流无法返回大陆的悲惨纪录。1912年由俄国彼得堡开出的海船"圣·安娜"号，在北冰洋上为封海冰所阻，随冰漂流将近两年，直到船只完全被冰毁坏。在这场灾难中只有两人获救。

赤　潮

"赤潮"，国际上称其为"有害藻华"，又被喻为"红色幽灵"，又称"红潮"，是海洋生态系统中的一种异常现象。它是由海藻家族中的赤潮藻在特定环境条件下爆发性地增殖造成的。海藻是一个庞大的家族，除了一些大型海藻外，很多都是非常微小的植物，

赤　潮

告诉你可怕的 **自然灾害**

有的是单细胞植物。因赤潮生物种类和数量的不同，海水可呈现红、黄、绿等不同颜色。

人类早就有赤潮的相关记载，如《旧约·出埃及记》中就有关于赤潮的描述："河里的水，都变作血，河也腥臭了，埃及人就不能喝这里的水了"。赤潮发生时，海水变的黏黏的，还发出一股腥臭味，颜色大多都变成红色或近红色。在日本，早在腾原时代和镰时代就有赤潮方面的记载。1803年法国人马克·莱斯卡波特记载了美洲罗亚尔湾地区的印第安人根据月黑之夜观察海水发光现象来判别贻贝是否可以食用。1831—1836年，达尔文在《贝格尔航海记录》中记载了在巴西和智利近海面发生的束毛藻引发

赤 潮

210

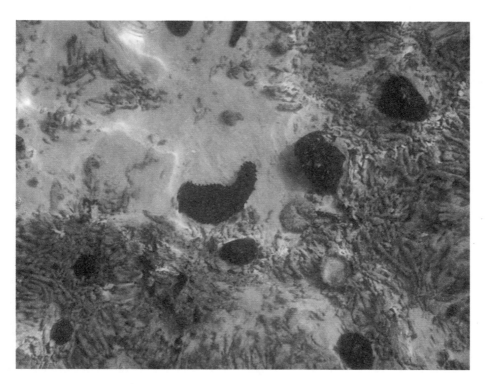

海　藻

的赤潮事件。据载，中国早在2000多年前就发现赤潮现象，一些古书文献或文艺作品里已有一些有关赤潮方面的记载。如清代的蒲松龄在《聊斋志异》中就形象地记载了与赤潮有关的发光现象。

赤潮发生后，除海水变成红色外，还产生以下影响：一是大量赤潮生物集聚于鱼类的鳃部，使鱼类因缺氧而窒息死亡；二是赤潮生物死亡后，藻体在分解过程中大量消耗水中的溶解氧，导致鱼类及其它海洋生物因缺氧死亡，同时还会释放出大量有害气体和毒素，严重污染海洋环境，使海洋的正常生态系统遭到严重的破坏；三是鱼类吞食大量有毒藻类。同时海水的pH值也会升高，粘稠度增加，非赤潮藻类

的浮游生物会死亡、衰减，赤潮藻也因爆发性增殖、过度聚集而大量死亡。

赤潮是在特定环境条件下产生的，相关因素很多，但其中一个极其重要的因素是海洋污染。大量含有各种有机物的废污水排入海水中，促使海水富营养化，这是赤潮藻类能够大量繁殖的重要物质基础。国内外大量研究表明，海洋浮游藻是引发赤潮的主要生物，在全世界4000多种海洋浮游藻中有260多种能形成赤潮，其中有70多种能产生毒素。他们分泌的毒素有些可直接导致海洋生物大量死亡，有些甚至可以通过食物链传递，造成人类食物中毒。

目前，世界上已有30多个国家和地区不同程度地受到过赤潮的危害，日本是受害最严重的国家之一。近些年来，由于海洋污染日益加剧，我国赤潮灾害也有加重的趋势，由分散的少数海域，发展到成片海域，一些重要的养殖基地受害尤重。对赤潮的发生、危害予以研究和防治，涉及到生物海洋学、化学海洋学、物理海洋学和环境海洋学等多种学科，是一项复杂的系统工程。

龙卷风

龙卷风是一种强烈的、小范围的空气涡旋，是在极不稳定天气下由空气强烈对流运动而产生的，由雷暴云底伸展至地面的漏斗状云（龙卷）产生的强烈的旋风，其风力可达12级以上龙卷风中心附近风速可达100米/秒～200米/秒，最大300米/秒，比台风近中心最大风速大好几倍。中心气压很低，比周围气压低百分之十。它具有很大的吸吮作用，可把海（湖）水吸离海（湖）面，形成水柱，然后同云相接，俗称"龙取水"。

龙卷风是云层中雷暴的产物。具体的说，龙卷风就是雷暴巨大能量中的一小部分在很小的区域内集中释放的一种形式。龙卷风的形成可以分为四个阶段：①大气的不稳定性产生强烈的上升气流，由于急流中的最大过境气流的影响，它被进一步加强。②由于与在垂直方向上速度和方向均有切变的风相互作用，上升气流在对流层的中部开始旋转，形成中尺度气旋。③随着中尺度气旋向地面发展和向上伸展，它本身变细并增强。同时，一个小面积的增强辅合，即初生的龙卷在气旋内部形成，产生气旋的同样过

龙卷风

程，形成龙卷核心。④龙卷核心中的旋转与气旋中的不同，它的强度足以使龙卷一直伸展到地面。当发展的涡旋到达地面高度时，地面气压急剧下降，地面风速急剧上升，形成龙卷。

龙卷风常发生于夏季的雷雨天气时，尤以下午至傍晚最为多见。袭击范围小，龙卷风的直径一般在十几米到数百米之间。龙卷风的存在时间一般只有几分钟，最长也不超过数小时。破坏力极强，龙卷风经过的地方，常会发生拔起大树、掀翻车辆、摧毁建筑物等现象，有时把人吸走，危害十分严重。

1995年在美国俄克拉何马州阿得莫尔市发生的一场陆龙卷，诸如屋顶之类的重物被吹出几十英里

龙卷风

之远。大多数碎片落在陆龙卷通道的左侧，按重量不等常常有很明确的降落地带。较轻的碎片可能会飞到300多千米外才落地。龙卷的袭击突然而猛烈，产生的风是地面上最强的。在美国，龙卷风每年造成的死亡人数仅次于雷电。它对建筑的破坏也相当严重，经常是毁灭性的。在强烈龙卷风的袭击下，房子屋顶会像滑翔翼般飞起来。一旦屋顶被卷走后，房子的其他部分也会跟着崩解。因此，建筑房屋时，如果能加强房顶的稳固性，将有助于防止龙卷风过境时造成巨大损失。

龙卷风共分五个等级，分别是F1级、F2级、F3级、F4级和F5级。F1级龙卷风体形较小，风力较弱；F5级龙卷风体形巨大，风力极强，破坏力极大。美国曾经在20世纪五六十年代发生过一场F5级龙卷风，起先只是有一些较小型的龙卷风，没有引起人们重视，但随后在该地区竟然出现了十多个小型龙卷风，并且出现了合并的现象，最终这些小龙卷风合并成了一个F5级的龙卷风，使人们惶恐不安，该龙卷风直径大于一千米，给美国造成了数亿美元的损失。

飓 风

龙卷风

第六章

自然灾害的影响及其防治

　　灾害是指一切对自然生态环境、人类社会的物质和精神文明建设，尤其是人们的生命财产等造成危害的天然事件和社会事件，如地震、火山爆发、风灾、火灾、水灾、旱灾、空难、海难、雹灾、雪灾、泥石流、疫病等。灾害不表示程度，通常指局部，可以扩张和发展，演变成灾难。如蝗虫虫害的现象在生物界广泛存在，当蝗虫大量繁殖、大面积传播并毁损农作物造成饥荒的时候，即成为蝗灾；传染病的大面积传播和流行、计算机病毒的大面积传播即可酿成灾难。长期以来，人类经常受到各种灾害的严重危害。据美国海外灾害救援局统计，20世纪60～70年代，全世界人口死亡数增加了6倍。据联合国统计，近70年来，全世界死于各种灾害的人口约458万人。地震造成的人口死亡尤甚，已发生过4次造成20万人以上死亡的大地震。在这一章里，我们就来谈一谈自然灾害给人类和社会带来的影响及其防治问题。

自然灾害频发的原因

随着自然资源不断加速开采，造成了地球内外应力变化快速升级，使得近几年来全球各地区自然灾害频繁发生。由于人类过度开发地下矿产资源，从而构成了地球内部的多"空区"和多"空洞"现象。在星际引力场、重力场以及地球自转离心力的共同作用下，它彻底改变了地球内部的原始地质平衡应力变化，这就是造成当前自然灾害频发的主要因素。

地球"空穴"成因包括以下几点：

煤炭资源开采

◆ 矿产资源的开采

（1）煤炭资源。煤炭资源是化石能源的重要组成部分。煤炭资源是固体能源，占地下资源总量的50%左右，其中包括还未发现的部分。煤炭资源也是人类利用率最高的能源之一，主要用于工业、电力、采暖等行业。煤炭矿脉包括地表层和地下层，形成"空穴"效应的主要是地下矿脉岩层。

（2）石油资源。石油资源也是化石能源，属于液态二次开发性矿产资源，占地下矿产资源总量的40%左右。石油用途广泛，主要用作液态燃料能源以及工业的基础性原料提炼。

（3）可燃冰。可燃冰也是矿产资源的一部分，储量只占矿产资源总量的百分之几。

矿产能源是消耗性资源。随着人类社会的发展延续，资源的消耗量将越来越大。因为矿产资源是消耗性能源，在地球中的储量是有限的，随着人类生存的延长，最终会

煤炭资源的开采

步入枯竭阶段。

我国矿产资源分布图

◆ **金属矿的开采**

金属是人类生存必要的生活资源之一，主要用于电力、运输、航空、海运、建筑、工业、军事、农业、科研、商业、民用等等领域。凡是人类涉足的区域，都离不开金属资源。

金属矿产也是人类利用最广泛的矿产资源之一，主要分布在地表层和地下层。金属矿产是一种可回收再利用的资源，所以，人类对金属矿的开采速度较能源矿产的开采速度慢。由于金属矿的分布范围大于能源矿产，而且地球金属矿产的形成源于宇宙星系的共存状态，这

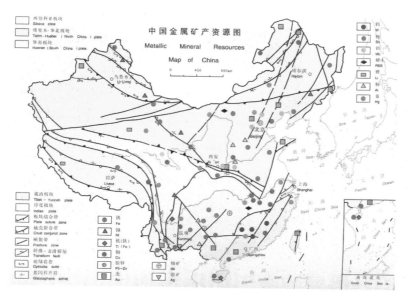

中国金属矿产资源图

才导致金属矿产的大规模开采提炼。但是，如果人类对地下岩层矿产开采过度，将形成地球内部原始矿产岩层大量削减，使地球内部结构产生破坏性的应力变化，并且形成地下岩层的"空洞"效应。

◆ **其他矿产的开采**

其他矿产包括：

（1）石灰岩。主要用作建筑行业的原材料，比如，白灰、混凝土等建筑材料。

（2）石棉矿、云母矿。

（3）稀有矿产。包括；人类用于装饰的各种玉石矿、各种宝石矿等等。

◆ **地下水的开采**

由于地表淡水消耗过度，使人类出现了水危机。因为地下水的纯度高、矿物质含量高、污染小等，所以，人们把目光转移到了地球岩层下部的淡水层。因为地下淡水层的形成始于星系形成的最原始状

石灰岩

态，所以最适合人类使用。由于岩层内部的淡水资源为原始封闭式状态，与地球岩层圈形成共同应力抗体，如果一旦被开采利用，就会形成非封闭式的"洞穴"状态，从而改变原始岩层圈的应力结构。它与液态石油能源一样，也是构成岩层圈应力作用的主要成分之一。

球岩石层结构应力变化的主要因素。由于人类过度开采矿产资源，地球岩石层的"空洞"效应降低了岩层对地球离心力和星际之间引力等变化的抗力，最终将导致人为的地球多灾害性变化，使新的岩层断裂带数量不断攀升。火山、地震、海啸、飓风等自然地质性灾害的发

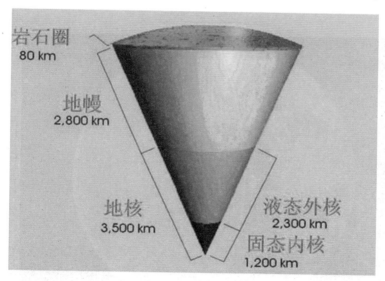

地球内部的圈层结构图

引起地球岩石圈内部"空洞"效应的主要原因是对化石能源和金属矿藏以及工业、民用宝石类等矿藏资源的大量开采，这也是引起地

生率将逐年增长，严重的危害人类的生存繁衍。

为什说地球岩石层（上地幔与地壳之间）的"空洞"效应会导

致地球的结构应力变化呢？因为在地球形成的初期阶段，其内部的岩层结构属于自然受力作用下的均衡状态，岩层中的各种矿产资源与岩层之间为整体结构，共同承载着地心的引力、离心力，地表的重力以及星际引力，所以，岩石圈的多"空洞"效应是于软流圈而言的坚硬的岩石圈层。厚约60～120公里左右，也是地震高波速带。岩石圈包括地壳的全部以及上地幔的上部，均由花岗质岩、玄武质岩和超基性岩组成。地幔下部为地震波低速带的熔融层和厚度约100公里左右的软流层。

"空洞"形成后，可由地表水

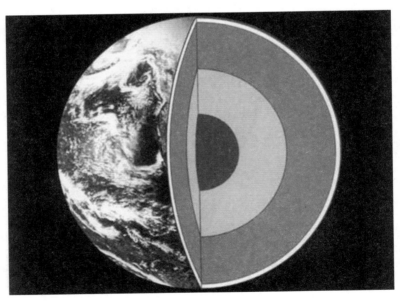

地球表面的岩石圈

导致地球灾害频发的主要原因。

地球岩石圈，是地幔上部相对

充填。但对于地球岩石圈内部强大的抗力来说，岩石圈应有的力度作

风光互补系统风力风能太阳能发电系统

用已经大大降低了。即便用水来填充岩层"空洞"，也不会达到原有的岩层抗体强度。因为水属于软体液态性物质，流动性很大，其组合抗力是很小的。"空洞"效应过后洞穴封闭性抗力已经失去原有的应力强度。在这种情况下，由于在地球引力、重力、离心力和星际引力的影响下，岩石圈原始烈度的蔓延会加速并形成新的断裂带。

随着人类对自然资源的加速开采和"空洞"效应的继续扩大，人为的自然地质性灾害将越来越频繁地发生，地陷、火山爆发、地震、海啸、山体滑坡等等重大破坏性因素将危及人类的繁衍生存。如何改变这一严重的后果？人类应当避免或者减少对地下资源的过度挖掘，充分利用现代高科技，只限开发地表上层资源，加快对外太空能源的探索。应当更加广泛地利用潮汐能源、太阳能、电力、生化能源、风

能等等；一定要加快核能源的利用，以减少人类对自然资源的依赖。这对于提升人类能源再利用能力，形成世界性的地球保护协议，完善国家之间的合作关系，具有重大历史意义。

江厦潮汐能电站全景

海上风力发电

自然灾害的影响

◆ **流行机制**

（1）饮用水供应系统被破坏

绝大多数的自然灾害都可能造成饮用水供应系统的破坏，这将使灾害发生后首当其冲的问题，常在灾害后早期引起大规模的肠道传染病的爆发和流行。

在水灾发生时，原来安全的饮用水源被淹没、被破坏或被淤塞，人们被迫利用地表水最为饮用水源。这些水往往被上游的人畜排泄物、人畜尸体以及被破坏的建筑中的污物所污染，特别是在低洼内涝地区，灾民被洪水较长时间的围困，更已引起水源性疾病的暴发流行。孟加拉国水灾时曾因此造成大量的人群死亡。

在地震时，建筑物的破坏也会涉及供水系统，使居民的正常供水中断，这对于城市居民的影响较为严重，而且由于管道的破坏，残存的水源极易遭到污染。海啸与风灾也可能造成这种情况。

灾害时，由于许多饮用水源枯竭，造成饮用水源集中。在一些易于受灾的缺水地区，居民往往需要到很远的地方去取的饮用水。一旦这些水源受到污染，将会造成疾病的暴发流行。如四川巴塘曾因旱灾而发生过极为严重的细菌性痢疾流行。

在一些低洼盐碱地区，水旱灾害还会造成地下水位的改变，从而影响饮用水中的含盐量和pH

值。当水中的pH值与含盐量升高时，有利于霍乱弧菌的增殖，因而在一些霍乱疫区，常会因水旱灾害而造成霍乱的再发，并且能延长较长时间。

（2）食物短缺

尽管向灾区输送食物已成为救灾的第一任务，但当规模较大，涉及地域广阔的自然灾害发生时，局部的食物仍然难以完全避免。加之基本生活条件的破坏，人们被迫在恶劣条件下储存食品，很容易造成食品的霉变和腐败，从而造成食物中毒以及食源性肠道传染病流行。

水灾常伴随阴雨天气，这时的粮食极易霉变。最近发生的中国南方数省的一次大规模水灾过程中，就曾发生多起霉变中毒事件。当灾害发生在天气炎热的季节时，食物的腐败变质极易发生。由于腌制食品较易保存，在大规模灾害期间副食品供应中断时，腌制食品往

往成为居民仅有的副食，而这也为嗜盐菌中毒提供了条件。

食物短缺还会造成人们的身体素质普遍下降，从而使各种疾病易于发生和流行。

向灾区输送物资

（3）燃料短缺

在大规模的自然灾害中，燃料短缺也是常见的现象，在被洪水围困的灾民中更是如此。

燃料短缺首先是迫使灾民和生水，进食生冷食物，从而导致肠道

污染病的发生与蔓延。

在严重的自然灾害后短期内难以恢复燃料供应时，燃料短缺可能造成居民个人卫生水平的下降。特别是进入冬季，人群仍然处于居住拥挤状态，可能导致体表寄生虫的孳生和蔓延，从而导致一些本来已处于控制状态的传染病（如流行性斑疹、伤寒等）重新流行。

（4）水体污染

洪水往往造成水体的污染，造成一些经水传播的传染病大规模流行，如血吸虫病，钩端螺旋体病等。但洪水对于水体污染的作用是

两方面的。在大规模的洪水灾害中，特别是在行期间，由于洪水的稀释作用，这类疾病的发病并无明显上升的迹象，但是，当洪水开始回落，在内涝区域留下许多小的水体，如果这些小的水体遭到污染，则极易造成这类疾病的爆发和流行。

（5）居住条件被破坏

水灾、地震、火山喷发和海啸等，都会对居住条件造成大规模的破坏。在开始阶段，人们被迫露宿，然后可能在简陋的棚屋中居住相当长的时间，造成人口集中和居

灾后场景

住拥挤。唐山地震时，在唐山、天津等大城市中，简易棚屋绵延数十里，最长时间的居住到一年以上。即使迁回原居之后，由于大量的房屋被破坏，部分居住拥挤状态仍将持续很长时间。

露宿使人们易于受到吸血节肢动物的袭击。在这一阶段，虫媒传染病的发病率可能会增加，如疟疾、乙型脑炎和流行性出血热等；人口居住的拥挤状态，有利于一些通过人与人之间密切接触传播的疾病流行，如肝炎、红眼病等。如果这种状态持续到冬季，则呼吸道传染病将成为严重问题，如流行性感冒、流行性脑脊髓膜炎等。

（6）人口迁徙

自然灾害往往造成大规模的人口迁徙。唐山地震时，伤员运送直达位于我国西南腹地的成都和重庆。在城市重建期间，以投亲靠友的形式疏散出来的人口，几乎遍布整个中国。而今现在的经济条件下，灾区居民外出并从事劳务活动，几乎成了生产自救活动中最重要的形式。

人口的大规模迁徙，首先是给一些地方病的蔓延造成了条件，并使一些疾病大流行，如中世纪的黑死病，中国云南历史上最近一次鼠疫大流行，就是从人口流动开始的。

人口流动造成了两个方面的问题。其一当灾区的人口外流时，可能将灾区的地方性疾病传播到为受灾的地区。更重要的是，当灾区开

灾后场景

始重建，人口陆续还乡时，又会将各地的地方性传染病带回灾区。如果受灾地区具备疾病流行的条件，就有可能造成新的地方病区。

人口流动到来的第二个重大问题，是它干扰了一些主要依靠免疫来控制疾病的人群的免疫状态，造成局部无免疫人群，从而为这些疾病的流行创造了条件。

在我国，计划免疫已开展相当广泛，脊髓灰质炎、麻疹的控制已大见成效；伤寒、结核病和甲、乙型肝炎的发病率已开始下降。由于灾害的干扰，使计划免疫工作难以正常进行，人群流动使部分儿童漏种疫苗，这种情况均有可能使这类疾病的发病率升高。

一些在儿童和青年中多发的疾病，人群的自然免疫状态的疾病的流行中起着重要作用。无论是灾区的人口外流，还是灾区重建时人口还乡，都会使一些无免疫人口暴露在一个低水平自然流行的人群之中，从而造成这些疾病的发病率上升。

 灾害小知识

森林火灾

森林火灾是指失去人为控制，在林地内自由蔓延和扩展，对森林、森林生态系统和人类带来一定危害和损失的林火行为。森林火灾是一种突发性强、破坏性大、处置救助较为困难的自然灾害。人为原因是最大的一个因素；其次长期的天气干燥也可能导致地面温度持续升高，森林物质易引起自燃。而且雷击也可以导致火灾的发生。

　　林火发生后，按照对林木是否造成损失及过火面积的大小，可把森林火灾分为森林火警（受害森林面积不足1公顷或其它林地起火）、一般森林火灾（受害森林面积在1公顷以上100公顷以下）、重大森林火灾（受害森林面积在100公顷以上1000公顷以下）、特大森林火灾（受害森林面积1000公顷以上）。

　　1950年以来，我国年均发生森林火灾13067起，受害森林面积

森林火灾

653019公顷，因灾伤亡580人。其中1988年以前，全国年均发生森林火灾15932起，受害森林面积947238公顷，因灾伤亡788人（其中受伤678人，死亡110人）。1988年以后，全国年均发生森林火灾7623起，受害森林面积94002公顷，因灾伤亡196人（其中受伤142人，死亡54人），分别下降52.2%、90.1%和75.3%。

　　因吸烟点火乱扔未熄灭的烟头，造成火灾的案例屡见报端，最典型

的莫过于1987年5月大兴安岭森林火灾。此次大火共造成69.13亿元的惨重损失。事后查明，这次特大森林火灾，最初的五个起火点中，有四处系人为引起，其中两处起火点是三名"烟民"烟头引燃的。

森林火灾

　　森林火灾是一种突发性强、破坏性大、处置救助较为困难的自然灾害。森林防火工作是我国防灾减灾工作的重要组成部分，是国家公共应急体系建设的重要内容，是社会稳定和人民安居乐业的重要保障，是加快林业发展，加强生态建设的基础和前提，事关森林资源和生态安全，事关人民群众生民财产安全，事关改革发展稳定的大局。简单的说，森林防火就是防止森林火灾的发生和蔓延，即对森林火灾进行预防和扑救。预防森林火灾的发生，就要了解森林火灾发生的规律，采取行政、法律、经济相结合的办法，运用科学技术手段，最大限度地减少火灾发生次数。扑救森林火灾，就是要了解森林火灾燃烧的规律，建立严密的应急机制和强有力的指挥系统，组织训练有素的扑火队伍，运用有效、科学的方法和先进的扑火设备及时进行扑救，最大限度地减少火灾损失。

森林火灾

　　森林扑火要坚持"打早、打小、打了"的基本原则。1988年1月16日国务院发布的《森林防火条例》规定：森林防火工作实行"预防为主，积极消灭"的方针。森林防火工作实行各级人民政府行政领导负责制。林区各单位都要在当地人民政府领导下，实行部门和单位领导负责制。预防和扑救森林火灾，保护森林资源，是每个公民应尽的义务。《森林防火条例》已经2008年11月19日国务院第36次常务会议修订通过，自2009年1月1日起执行。

告诉你可怕的**自然灾害**

◆ 媒介影响

许多传染病并不只是在人群间辗转传播，除了人之外还有其他的生物宿主。一些疾病必须通过生物媒介进行传播。灾害条件破坏了人类、宿主动物、生物媒介以及疾病的病原体之间旧有的生态平衡，并将在新的基础上建立新的生态平衡，因此，灾害对这些疾病的影响将更加久远。

（1）蝇类

蝇类是肠道传染病的重要传播媒介，他的孳生与增殖，主要由人类生活环境的不卫生状况来决定。大的自然灾害总是会对人类生活环境的卫生条件造成重大破坏，蝇类的孳生几乎是不可避免的。

地震过后，房倒屋塌。死亡的人和动物的尸体被掩埋在废墟下，还有大量的事物及其他有机物质，在温度的气候条件下，这些有机成分会很快腐败，为蝇类提供了易孳生的条件。因而，向唐山地震那样

大的地震破坏，常会在极短的时间内出现数量惊人的成蝇，对灾区居民构成严重威胁。

洪水退后，溺死的动物尸体，以及各种有机废物将大量地在村庄旧址上沉寂下来，如不能及时消除，也会造成大量的蝇类滋生。

即使在旱灾情况下，由于水的缺乏，也会存在一些不卫生的条件，而有利于蝇类的滋生。因此，在灾后重建的最初阶段，消灭蝇类将使传染病控制工作中的重要任务。

（2）蚊类

在传播疾病的吸血节肢动物中，蚊类的最主要的，与灾害的关系也最为密切。在我国常见的灾害条件下，疟疾和乙型脑炎对灾区居民的威胁最为严重。

蚊的孳生需要小型静止的水体。因而，在大的洪灾中，行洪期间蚊密度的增长往往并不明显。但在水退后，在内涝地区的低注处往

236

往留有大量的小片积水地区，杂草丛生，成为蚊类最佳繁殖场所。此时如有传染源存在，就会使该地区的发病率迅速升高。

旱灾可使一些河水断流，湖沼干涸，而这些河流与湖泊中残留的小水洼，也会成为蚊类的良好孳生场所。

在造成建筑物大量破坏的灾害如地震与风灾中，可能同时造成贮水建筑和管道的破坏。自来水的漫溢，特别是生活污水在地面上的滞留，也会成为蚊类大量孳生的环境。

灾害不仅会造成蚊类密度升高，还造成蚊类侵袭人类的机会增加。被洪水围困的居民，由于房屋破坏而被迫露宿的居民，往往缺乏抵御蚊类侵袭的有效手段，这也是造成由蚊类传播的疾病发病率上升的重要原因。

（3）其他吸血类节肢动物

在灾害条件下，主要表现为吸血节肢动物侵袭人类的机会增加，蚊类有时会机械的传播一些少见的传染病如炭疽等。人类在野草较多，腐殖质丰富的地方露宿时，容易遭到恙螨、革螨等的侵袭，在存在恙虫病和流行性出血热的地区，这种对人类的威胁大量增加。发生在森林地区的灾害如森林火灾迫使人类在靠近灌木丛的地区居住时，会使蜱类叮咬的机会增加，并可能导致一系列的疾病如森林脑炎、莱姆病和斑点热等的流行。

（4）寄生虫类

在我国，现存的血吸虫病的分布多处于一些易于受到洪涝灾害的区域，而钉螺的分布，则受到洪水极大的影响。

在平时，钉螺的分布随着水流的冲刷与浅滩的形成而不断变化。洪水条件下，有可能将钉螺带到远离其原来孳生的地区，并在新的适宜环境中定居下来。因而，洪涝灾害常常会使血吸虫病的分布区域明

显扩大。

（5）家畜

家畜是许多传染病的重要宿主，例如猪和狗是钩端螺旋体病的宿主，猪和马是乙型脑炎的宿主，牛是血吸虫病的宿主。当洪水灾害发生时，大量的灾民和家畜往往被洪水围困在其为狭小的地区。造成房屋大量破坏的自然还海，也会导致人与家畜之间的关系异常密切。这种环境，会使人与动物共患的传染病易于传播。

（6）家栖及野生鼠类

家栖的和野生的鼠类是最为重要的疾病宿主，其分布与密度受到自然灾害的明显影响。

大多数与疾病有关的鼠类，在地下穴居生活，他们的泅水能力并不十分强。因而，当较大规模的水灾发生时，会使鼠类的数量减少，然而，部分鼠类可能利用漂浮物逃生，集中到灾民居住的地势较高的地点，从而在局部地区形成异常的高密度。在这种条件下，由于人与鼠类间的接触一场密切，便有可能造成疾病的流行。

由于鼠类繁殖能力极强，在被洪水破坏的村庄和农田中通常遗留下可为鼠类利用的丰富的食物，因而在洪水退后，鼠类密度可能迅速回升，在其后一段时间内，会出现极高的种群密度，从而鼠类促使间疾病流行，并危及人类。

干旱可能使一些湖沼地区干涸，成为杂草丛生的低地。这种地区为野生鼠类提供了优越的生活环境，使其数量高度增长。曾有报道说这种条件引起了人群流行性出血热的流行。

地震等自然灾害造成大量的房屋破坏，一些原来鼠类不易侵入的房屋被损坏，废墟中遗留下大量的食物使得家栖的鼠类获得了大量繁殖的条件。当灾后重建开始，居民陆续迁回原有的住房时，鼠患可能成为重大问题，由家鼠传播的疾病的发病率也可能上升。

蝗　灾

　　蝗虫属于节肢动物门、昆虫纲、直翅目、蝗科，身体一般绿色或黄褐色，后足大，适于跳跃。其幼虫称为"蝻"，主要以禾本科植物为食，种类很多，世界上有1万余种，我国有300余种，如飞蝗、稻蝗、竹蝗、意大利蝗、蔗蝗、棉蝗等。中国历史上曾发生多次蝗灾，主要集中在河北、河南、山东三省。蝗灾不但对历代的农业生产造成危害，而且引发了众多的饥荒、社会动乱。2004年11月21日，数百万只蝗虫蜂拥来到以色列埃拉特，毁坏了这个以色列南部城市的大量庄稼和鲜花。这是1959年以来以色列首次遭受如此严重的蝗灾。按照《圣经》的说法，蝗灾是埃及法老拒绝让犹太人离开而遭上帝惩罚的10大灾难中的第八灾。蝗虫是犹太法律规定的唯一一种可以食用的昆虫，如做成蝗虫串、蝗虫条、炒蝗虫。

　　严重的蝗灾往往和严重旱灾相伴而生。我国古书有"旱极而蝗"的记载。造成这一现象的主要原因是，蝗虫是一种喜欢温暖干燥的昆虫，干旱的环境对它们繁殖、生长发育和存活有益。干旱使蝗虫大量繁殖，酿成灾害的缘由有两方面。一是在干旱年份，水位下降，土壤变得坚

告诉你可怕的**自然灾害**

实，含水量降低，地面植被稀疏，蝗虫产卵数量大为增加。同时河、湖水面缩小，低洼地裸露，也为蝗虫提供了更多适合产卵的场所。二是干旱环境生长的植物含水量较低，蝗虫以此为食，生殖力较高。相

蝗 灾

反，多雨和阴湿环境对蝗虫的繁衍不利。植物含水量高会延迟蝗虫生长和降低生殖力，多雨阴湿的环境还会使蝗虫流行疾病，雨雪能直接杀灭蝗虫卵。

蝗虫通常胆小、喜欢独居，危害有限。但有时会改变习性，喜欢群聚生活，最终大量聚集、集体迁飞，形成令人生畏的蝗灾。科学家研究发现，当蝗虫后腿的某个部位受刺激之后，它们就会突然变得喜爱群居，而触碰身体其它部位都不会有这种效果。因此科学家认为，在某一自然环境中偶然聚集的蝗虫后腿彼此触碰，可能导致其改变习性，开始成群生活，进而形成蝗灾。总之，全球变暖，尤其冬季温度的上升，有利于蝗虫越冬卵的增加，为第二年蝗灾的爆发提供"虫卵"；此外气候变暖、干旱加剧、草场退化等，为蝗虫产卵提供合适的产地。而虫口密度过大会引发蝗灾，最终成为巨大的蝗群。

蝗灾的防治方法主要有环境保护（蝗虫必须在植被覆盖率低于50%

蝗　灾

的土地上产卵，如果山清水秀，没有裸露的土地，蝗虫就无法繁衍）、
药剂防治（选用高效、低毒、低残留的农药，用敌百虫粉撒于小竹、杂
草上，或用敌敌畏烟剂熏杀）、天敌防治（实行植物保护、生物保护、
资源保护和环境保护四结合，保护好蝗虫的天敌包括鸟类、两栖类、爬
行类等）。

蝗　灾

自然灾害的防治政策

鉴于自然灾害对传染病发病的上述影响，自然灾害后的传染病防治工作，应有与正常时期不同的特征，且防治的组织领导应是政府有关部门。根据灾害时期传染病的发病特征，可将传染病控制工作划分为四个时期。

◆ **灾害前期**

我国是一个大国，一些地区为自然灾害的易发地区。因此，在灾害发生前，应有所准备，其中包括传染病防治工作。

（1）基本资料的积累。为灾害时期制定科学的防治对策，应注重平时的基本资料的积累，包括人口资料、健康资料、传染病发病资料、主要的地方病分布资料以及主要的动物宿主与媒介的分布资料等。

（2）传染病控制预案的制订。在一些易于受灾的地区、如地震活跃区，大江大河下游的低洼地区以及分洪区等，都应有灾害时期的紧急处置预案，其中也应包括传染病控制预案。预案应根据每个易受灾地区的具体情况，确定不同时期的防病重点。可供派入灾区的机动队伍的配置，以及急需的防病物资、器材的储备地点与调配方案等，也应在预防中加以考虑。

由于自然灾害的突发性，不可能针对每一个可能受灾的地区制订预案，应根据一些典型地区制定出较为详细的预案，以作示范之用。

（3）机动防疫队准备。由于

付突发事件的状态。

海　难

自然灾害的重点冲击，灾区内往往没有足够的卫生防疫和医疗力量以应对已发生的紧急情况。在突发性的灾害面前，已有的防疫队伍也往往陷于暂时的混乱与瘫痪状态。因此，当重大的自然自然灾害发生后，必须要派遣机动防疫队伍进入灾区支援疾病控制工作。

（4）针对一些易受灾地区，应定期对这些机动队伍的人员进行训练，使其对主要机动方向的卫生和疾病情况，进入灾区后可能遇到的问题有所了解。在人员变动时，这些机动队伍的人员也应及时得到补充和调整，使其随时处于能够应

◆ 灾害冲击期

在大规模的自然灾害突然袭击的时候，实际上不可能展开有效的疾病防治工作。但在这一时期内，以紧急救护为目的派入灾区的医疗队，就应当配备足够数量的饮水消毒之地和预防与处理肠道传染病的药物，并注意发生大规模传染病的征兆，做出适当处理，以控制最初的疾病暴发流行。

◆ 灾害后期

当灾区居民脱离险境，在安全的地点暂时居住下来时，就应系统地进行疾病防治工作：

（1）重建群众性疾病监测系统。

由于重大自然灾害的冲击，抗灾工作的繁重以及人员的流动，平时建立起来的疾病监测和报告系统在灾后的初期常常处于瘫痪状态。

因而，卫生管理部门及机动防疫队伍所要进行的第一项工作，应是对其进行整顿，并根据灾民聚居的情况重新建立疫情报告系统，以便及时发现疫情并予以正确处理。监测的内容不仅应包括法定报告的传染病，还应包括人口的暂时居住和流动情况，主要疾病的发生情况，以及居民临时住的及其附近的啮齿动物和媒介生物的数量。

海 难

（2）重建安全饮水系统。

由于引水系统的破坏对人群构成的威胁最为严重，应采取一切可能的措施，首先恢复并保障安全的饮用水供应。

（3）大力开展卫生运动。

改善灾后临时住地的卫生条件，是减少疾病发生的重要环节。因此，当居民基本上脱离险境，到达安全地点后，就应组织居民不断地改善住地的卫生条件，消除垃圾污物，定期喷洒杀虫剂以降低蚊、蝇密度，必要时进行灭鼠工作。

在灾害过后开始重建时，也应在迁回原来的住地之前首先改善原住地的卫生条件。

（4）防止吸血昆虫的侵袭。

在居民被迫露宿的条件下，不可能将吸血昆虫的密度降至安全水平。因此，预防虫媒传染病的主要手段是防止昆虫叮咬。可使用一切可能的办法，保护人群少受蚊虫等吸血昆虫的叮咬。如利用具有天然驱虫效果的植物熏杀和驱除蚊虫，并应尽可能地向灾区调入蚊帐和驱蚊剂等物资。

（5）及时发现和处理传染源

在重大自然灾害的条件下，人口居住拥挤，人畜混杂等现象往往难于在短期内得到改善。因此，发现病人，及时正确的隔离与处理是降低传染病的基本手段。

有一些疾病，人类是唯一的传染源，如肝炎，疟疾等。因此，在灾区居民中应特别注意及时发现这类病人，并将其转送到具有隔离条件的医疗单位进行治疗。

另外，还有许多疾病不仅可发生在人类身上，动物也会成为这些疾病的重要传染源。因此，应注意对灾区的猪、牛、马、犬等家畜和家养动物进行检查，及时发现钩端螺旋体、血吸虫病及乙型脑炎感染情况，并对成为传染源的动物及时进行处理。

（6）对外流的人群进行检诊。

火灾发生后，会有大量的人群以从事劳务活动或探亲访友等形式离开灾区。因此，在灾区周围的地区，特别是大中城市，应特别加强对来自灾区的人口进行检诊，以便及时发现传染病的流行征兆。在一些地方性疾病的地区，还应对这些外来人口进行免疫预防，以避免某些地方性传染病的暴发流行。

◆　**后效应期**

当受灾人群迁回原来住地，开始在后重建工作，灾后的传染病防治工作便进入针对灾害后效应的阶段。

（1）对回乡人群进行检诊与免疫。

在这个阶段，流出灾区的人口开始陆续回乡，传染病防治工作的重点应转到防止在回乡人群中出现第二个发病高峰。

外出从事劳务工作的人员，可能进入一些地方病疫区，并在那里发生感染，有可能将疾病或疾病的宿主与媒介带回到自己的家乡。因此，应在回乡人员中加强检诊，了

空 难

解他们曾经到达过哪些地方病疫区（如鼠疫、布氏菌病、血吸虫病等），并针对这些可能的情况进行检查，如果发现患者应立即医治。

在外地出生的婴儿往往对家乡的一些常见的疾病缺乏免疫力，因而应当加强对婴儿和儿童的检诊，以便及时发现和治疗他们的疾病。

由于对流动人口难以进行正常的计划免疫工作，在这些人群众往往会出现免疫空白，因此，对回乡人群及时进行追加免疫，是防止疾病发病率升高的重要措施。

（2）对灾区的重建和对疾病重新进行调查。

自然灾害常能造成血吸虫病、钩端螺旋体病、流行性出血热等人与动物共患的传染病污染区域扩大，并导致动物病的分布及流行强度的改变。因此，在灾后重建时期内，应当对这些疾病的分布重新进行调查，并采取相应的预防措施，

空　难

以防止其在重建过程中爆发流行。

对灾区的家庭及个人而言，需要注意以下几点：

①注意饮用水的清洁，有条件的要遵照救灾人员的指导，严格用药品消毒，没有条件的也要尽可能将水煮沸后在饮用，切不可因麻烦而随便引用已被污染的水。

②配合救灾人员做好灭蝇灭蚊灭鼠等工作，并以一切办法防止蚊虫叮咬。

③发现异常情况，如周围有人生病、发烧、患上皮肤病等，要立即向救灾人员或有关部门报告。

④尽可能避免多人同住一室，并尽可能避免与动物同宿，即使是自家的家禽家畜也不行。

⑤ 若非必要，在没有相关人员组织、指导的情况下不要任意搬迁。外出人员也不可因关心亲友安全而贸然进入灾区。

⑥灾后自来水等供应水中断，必须饮用地下水、消防用水等驻留水时，应注意确保饮用水安全。灾

告诉你可怕的 **自然灾害**

空 难

后如自来水供应中断，应以饮用瓶　水煮沸后饮用。

装水为优先考虑，或至指定地点取

国际减灾

国际减灾十年是由原美国科学院院长弗兰克·普雷斯博士于1984年7月在第八届世界地震工程会议上提出风暴潮的。此后这一计划得到了联合国和国际社会的广泛关注。联合国分别在1987年12月11日透过的第42届联大169号决议、1988年12月20日透过的第43届联大203号决议，以及经济及社会理事会1989年的99号决议中，都对开展国际减灾十年的活动作了具体安排。1989年12月，第44届联大透过了经社理事会关于国际减轻自然灾害十年的报告，决定从1990年至1999年开展"国际减轻自然灾害十年"活动，规定每年10月的第二个星期三为"国际减少自然灾害日"(International Day for Natural Disaster Reduction)。1990年10月10日是第一个"国际减灾十年"日，联大还确认了"国际减轻自然灾害十年"的国际行动纲领。2001年联大决定继续在每年10月的第二个星期三纪念国际减灾日，并借此在全球倡导减少自然灾害的文化，包括灾害防止、减轻和备战。

《防灾减灾知识》宣传海报

"国际减轻自然灾害十年"国际行动纲领首先确定了行动的目的和目标。行动的目的是：透过一致的国际行动，特别是在发展中国家，减轻由地震、风灾、海啸、水灾、土崩、火山爆发、森林大火、蚱蜢和蝗虫、旱灾和沙漠化以及其它自然灾害所造成的人命财产损失和社会经济的失调。其龙卷风目标是：增进每一国家迅速有效地减轻自然灾害的影响的能力，特别注意帮助有此需要的发展中国家设立预警系统和抗灾结构;考虑到各国文化和经济情况不同，制订利用现有科技知识的适当方针

和策略;鼓励各种科学和工艺技术致力于填补知识方面的重点空白点;传播、评价、预测与减轻自然灾害的措施有关的现有技术资料和新技术资料;透过技术援助与技术转让、示范项目、教育和培训等方案来发展评价、预测和减轻自然灾害的措施,并评价这些方案和效力。

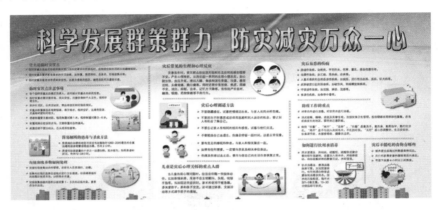

《防灾减灾知识》宣传海报

国际行动纲领要求所有国家的政府都要做到:拟订国家减轻自然灾害方案,特别是发展中国家,将之纳入本国发展方案内;在"国际减轻自然灾害十年"期间参与一致的国际减轻自然灾害行动,同有关的科技界合作,设立国家委员会;鼓励本国地方行政当局采取适当步骤为实现"国际减轻自然灾害十年"的宗旨作出贡献;采取适当措施使公众进一步认识减灾的重要性,并透过教育、训练和其它办法,加强社区的备灾能力;注意自然灾害对保健工作的影响,特别是注意减轻医院和保健中心易受损失的活动,以及注意自然灾害对粮食储存设施、避难所和其它社会经济基础设施的影响;鼓励科学和技术机构、金融机构、工业界、基金会和其它有关的非政府组织,支持和充分参与国际社会,包括各国政府、国际组织和非政府组织拟订和执行的各种减灾方案和减灾活动。